DEUTSCHE KRIEGSSCHIFFE

GROSSKAMPFSCHIFFE, ZERSTÖRER TORPEDOBOOTE 1933 – 1945

Jak P. Mallmann-Showell

Motor buch Verlag
spezial

Einbandgestaltung: Luigi Dosantoni unter Verwendung einer Abbildung von
World War Photos und der US Navy.

Bildnachweis: Alle Bilder stammen, falls nicht anders angegeben, vom
Autor und vom Deutschen U-Boot-Museum, Cuxhaven.

Der Autor bedankt sich bei Herrn Tobias Thelen (Bibliothek für Zeitgeschichte, Stuttgart). Herrn Jürgen Weber und Herrn Marcus Linke für die Unterstützung bei der Erstellung dieses Buches.

ISBN: 978-3-613-04151-6

1. Auflage 2019

Sie finden uns im Internet unter www.motorbuch-verlag.de

Lektorat: Joachim Köster
Innengestaltung: H Passelaki
Druck und Bindung: Conzella, 85609 Aschheim-Dornach
Printed in Germany

INHALT

EINLEITUNG

Am Ende des Ersten Weltkriegs lagen die Kriegsschiffe des Kaisers entweder am Meeresgrund oder sie mussten den siegreichen Alliierten übergeben werden. Die wenigen Schiffe, die Deutschland behalten durfte, waren schon seit Jahren veraltet. Die Alliierten nahmen sie nicht in Besitz, weil sie bei möglichen Unruhen in den baltischen Staaten gebraucht werden konnten. Man dachte, dass die Nachwehen der Russischen Revolution immer noch in der Lage waren, Tumulte zu verursachen. Der Versailler Friedensvertrag, der von den Alliierten gegen Kriegsende diktiert worden war (und in Deutschland oft als »Schandvertrag« empfunden wurde), beschränkte die zukünftige Größe der Reichsmarine folgendermaßen:

06 Schlachtschiffe und nicht mehr als 2 in Reserve
06 Kreuzer und nicht mehr als 2 in Reserve
12 Zerstörer, davon 4 in Reserve
12 Torpedoboote, davon 4 in Reserve

Unterseeboote, Militärflugzeuge, Flugzeugträger sowie schwere Artillerie waren überhaupt nicht erlaubt.

Zusätzlich zu diesen harten Bedingungen bestimmten die Alliierten auch die maximale Größe von Neukonstruktionen wie folgt:

Schlachtschiffe:	10.000 Tonnen
Kreuzer:	6000 Tonnen
Zerstörer:	800 Tonnen
Torpedoboote:	200 Tonnen

Ebenso wurden Größe und Zahl von Kanonen, die Zeiten, in denen Ersatzteile eingebaut werden konnten und die Höchstzahl der Besatzung festgelegt. Neue Schiffe zu bauen war kein leichtes Vorhaben, denn die Alliierten hatten einen Großteil der technischen Infrastruktur beschlagnahmt. Aus diesem Grund waren private Schiffsbauer sowie die drei Kaiserlichen Werften in Wilhelmshaven, Kiel und Danzig in einem solch beklagenswerten Zustand, dass sie neue Projekte erst in Angriff nehmen konnten, nachdem sie ihre schweren Maschinen wieder neu gebaut hatten. Trotzdem gab es in diesen Jahren einige unglaubliche industrielle Entwicklungen, was zur Folge hatte, dass man nicht mehr nur einfach neue Versionen eines alten Schiffsbauentwurfs nachbaute.
Diese mechanische Revolution, die mehr von Industrie und Wissenschaft als vom Militär geschaffen wurde, erforderte, dass beträchtliche Forschungsarbeit geleistet werden musste, bevor die Kiellegung von neuen, großen Kriegsschiffen erfolgen konnte. Um einige Beispiele zu nennen: Mit Kohle befeuerte, sich hin- und her bewegende Antriebsaggregate wurden abgelöst durch Öl betriebene Turbinen, und es gab Zeiten, in denen es so aussah, als ob selbst diese aufgrund der Einführung von Rudolf Diesels neuem Typ von innerem Verbrennungsmotor überflüssig werden würden. Außerdem war der Stahl-Gigant Krupp dabei, einen neuen Typ von Stahl zu erfinden, dem zwei ganz unterschiedliche Eigenschaften gegeben werden konnten: Er konnte hart oder weich gemacht werden, und eine Kombination dieser beiden Eigenschaften ergab eine biegsame Sandwich-Schicht, die ideal für eine Panzerung war.
Um dies noch weiter zu verbessern, fand Krupp einen Weg, den Stahl zu schweißen, ohne seine unglaublichen Eigenschaften dabei zu verlieren. Das war höchst reizvoll, denn das Fehlen von Nietköpfen konnte beträchtliches Gewicht einsparen und deshalb Deutschland in die Lage versetzen, einige der harten Beschränkungen des Versailler Vertrages zu umgehen. Dieser neue Stahl sorgte auch für die Gelegenheit, sich der großen Zahl an schweren Hilfsrahmengestellen zu entledigen, die in der Vergangenheit nötig waren, um die Panzerung an ihrem Platz zu halten. Stattdessen konnte durch bloßes Verschweißen einer Panzerverkleidung ein großer Kasten in Schiffsform hergestellt werden. Das sparte Zeit und Gewicht.
Diese technische Entwicklung fand zur selben Zeit statt wie einige bemerkenswerte politische Entwicklungen im Ausland. Insbesondere die Vereinigten Staaten waren von der massiven Marineentwicklung in Japan alarmiert und wollten diese dadurch eindämmen, dass sie die größten Seefahrernationen zu einer Abrüstungskonferenz nach Washington einluden. Obwohl die Stärke Deutschlands zur See zu unbedeutend war, um an der Konferenz teilzunehmen, bot dieser Vertrag, der Anfang 1922 unterzeichnet wurde, der jungen Reichsmarine eine brillante Chance. Laut dem Washingtoner Abkommen waren Schlachtschiffe auf 35.000 Tonnen limitiert, das war weit mehr als die kümmerlichen 10.000 Tonnen der deutschen Schlachtschiffe. Die große Krise kam jedoch mit den Kreuzern.
Der Washingtoner Vertrag begrenzte diese auf 10.000 Tonnen mit 203-mm-Artillerie, deutsche Schlachtschiffe konnten aber 280-mm-Kanonen tragen. Das bedeutete, Deutschland war nun in der Position, ein Schiff zu bauen, das für jedes alliierte Schlachtschiff zu schnell war und dabei stark genug, jeden Kreuzer auf den Meeresgrund zu befördern, ohne sich dabei in Reichweite seiner Kanonen zu begeben.
Der größte Hemmschuh blieb der Einsatz von Diesel-Moto-

ren als Hauptantriebsaggregat. Die neue Erfindung erschien attraktiv, aber das alte Würfel-Problem herrschte vor. Dies tritt auf, wenn man die Würfelseiten verdoppelt. Dabei vergrößert man die Oberfläche der einen Seite mit Faktor 4 und das Volumen um 8. Offenkundig waren Diesel-Motoren nicht würfelförmig, aber es blieb das Dilemma, dass eine kleine Zunahme der Größe das Gewicht unglaublich erhöhte. Obendrein stieg der hohe Druck im Innern der Maschine sehr stark an. Deutschland experimentierte mit dem Diesel-Konzept und erzielte schließlich genügend Fortschritte, um solch einen Antrieb in das Artillerie-Ausbildungsschiff »Bremse« einpassen zu können, welches am 24. Januar 1931 in der Schiffswerft in Wilhelmshaven vom Stapel gelassen worden war. Das gelang so gut, dass ein vollständig neuer Schiffstyp, das Panzerschiff, bei der »Deutsche Werke«-Werft in Kiel gebaut und am 19. Mai 1931 mit dem Namen »Deutschland« vom Stapel gelassen wurde. Auch dieses konnte mit Diesel-Motoren ausgerüstet werden.

Ein Vorteil dieser Energiequelle war, dass sie eine Tür wieder aufschloss, die mit dem Ende des Ersten Weltkrieges zugegangen war. Hierbei handelte es sich um die Idee des Überfalls auf Handelsschiffe. Viele Experten dachten, solche Aktionen würden in Zukunft an Effektivität abnehmen, weil Verbesserungen beim Bordfunk es möglich machen würden, so nah an den

Torpedoboot Iltis (Wolfgang Fuchs)

Handelsschiffsflotten zu bleiben, dass ein starkes Kriegsschiff einzelne Angreifer, begrenzt in ihrer Reichweite, schnell zum Gefecht stellen konnte.
Um Treibstoff zu sparen, konnten die Diesel-motoren leicht abgeschaltet und schnell wieder neu gestartet werden. Sogar mit Marschgeschwindigkeit waren sie immer noch beträchtlich sparsamer als gefräßige Turbinen. Aus diesem Grund waren sie ideal für Operationen in weit entfernten Gewässern und herrlich geeignet für Überfälle auf Handelsschiffe. So weit es die deutschen Admirale anbetraf, bestand die bedenkliche Situation mit den Panzerschiffen nicht so sehr in ihrer gefährlichen Rolle des Aufbringens von Handelsschiffen, sondern in ihrer Überlegenheit gegenüber den Kreuzern des Washingtoner Abkommens. Man dachte, dass der Bau eines solchen Schiffes die Alliierten verhandlungsbereit machen würde und diese die Bedingungen, die sie am Ende des Ersten Weltkrieges auferlegt hatten, nachbesserten.
Das große Problem für die Handelsschifffahrt und für das Aussenden von Panzerschiffen in weit entlegene Gewässer war, dass sie sich früher oder später den Gefahren würden aussetzen müssen, die Blockade von Kriegsschiffen nah am europäischen Kernland zu durchbrechen. Man dachte, dass man besonders starke Schlachtschiffe als Eskorte durch diese gefährliche Zone benötigte, und das führte zur »Bismarck«,

EINLEITUNG

»Tirpitz« und den späteren »H«- und »J«-Entwürfen. Diese Entwicklung fand in einer Zeit statt, in der Radar noch nicht eingeführt war und der Bordfunk noch in den Kinderschuhen steckte.

Der einzige Weg, herauszufinden, was in der Nähe der Schlachtschiffe vorging, war, diese von einem Geschwader schneller Kreuzer begleiten zu lassen, die als Späher fungierten; sie mussten Augen und Ohren des Schlachtschiff-Kommandanten sein.

Das Eigenartige und beinahe Unbegreifliche an der Entwicklung der Deutschen Marine war, dass diese großen Schiffe überhaupt gebaut wurden. Denn letztlich hatte der Erste Weltkrieg gezeigt, dass es für große Schiffe beinahe unmöglich war, den Atlantik zu erreichen, in dem alliierte Schiffe operierten. Die Reichweiten der neuen Öl-befeuerten Schiffe wurden erhöht und Deutschland baute schnelle Versorgungsschiffe. Trotzdem war die Marine immer noch aufgrund ihres Standortes ernsthaft benachteiligt, denn sie war weit entfernt von den Gebieten, in denen die Alliierten ihre Handelsschiffe abfingen, und ebenso weit weg vom Geleitzugkrieg. Der bittere Ablauf des Ersten Weltkriegs hatte gezeigt, dass nur U-Boote fähig waren, mit diesem schwierigen Problem fertig zu werden.

Geschichtsbücher erzählen uns oft, dass Hitler die allgemeine Wehrpflicht wiedereingeführt und den Versailler Vertrag im März 1935 annulliert hätte, aber das ist ein bisschen irreführend, weil die Idee zu diesen Aktionen nicht von ihm stammte. Die Rede, die er hielt, war einige Jahre vorher von Reichsminister Gröner verfasst worden und die U-Boot-Forschung war beinahe unvermindert im Geheimen fortgesetzt worden, seit die Alliierten sie 1919 verboten hatten. Hitlers kühner Vorstoß im März 1935, ein neues Wehrgesetz zu schaffen, wurde damals von den Alliierten begrüßt, während man sich heute wundert, warum keine Schritte gegen ihn unternommen wurden. Letztlich hatte Deutschland gerade eben jene Vorschriften für null und nichtig erklärt, die von den Alliierten nach dem Ersten Weltkrieg eingeführt worden waren, um dessen militärische Macht einzuschränken.

Hitlers Vorstoß führte zum sogenannten englisch-deutschen Flottenabkommen (in Großbritannien so bezeichnet) von 1935, obwohl Deutschland weit mehr gewann als England und deshalb der Vertrag eigentlich deutsch-englisches Flottenabkommen heißen müsste (diese Bezeichnung ist in Deutschland üblich). Dieser Vertrag erlaubte es, dass Schiffstypen, die vorher verboten waren, wieder eingeführt und die Marine neu aufgebaut werden konnte.

Der Oberkommandierende der deutschen Kriegsmarine, Generaladmiral Dr. Erich Raeder, sagte, der Tag, an dem dieses Abkommen unterzeichnet wurde, sei der glücklichste Tag in seinem Leben gewesen. Ein Jahr später forderte er seine Flottillenchefs dazu auf, die nächsten 10 Jahre zu überblicken und eine Liste von den Schiffen anzufertigen, die man wahrscheinlich brauchen würde. Diese Liste war so groß, dass die Zahlen nach unten korrigiert werden mussten, und selbst dann waren beträchtliche Debatten und Verhandlungen nötig, bevor ein erster unbestimmter Ausführungsplan erstellt werden konnte.

Der für die Zusammenstellung der Liste verantwortliche Offizier, Kpt.z.S. Werner Fuchs, nannte sie einfach »Plan X« – »X« bezeichnet in der Algebra die unbekannte Größe. Die modifizierte Liste wurde bekannt als »Plan Y« und die endgültige Version, die man Hitler vorlegte und von ihm genehmigt wurde, hieß »Plan Z«. Obwohl dieser berühmte Plan in vielen Abhandlungen über Marinegeschichte eine Rolle spielt, konnte man mit diesem Begriff zu Beginn des Zweiten Weltkrieges kaum etwas anfangen und hatte deshalb wenig bis gar keine Auswirkung auf ihn.

Deckswand an Bord des Schlachtschiffes »Bismarck« im Jahr 1940 (Deutsches Bundesarchiv, 193-01-4-25, CC-BY-SA-3.0)

Das Panzerschiff »Admiral Graf Spee« im Jahr 1939 besaß mit einem Arado Ar 196A-1 Wasserflugzeug eines der ersten seiner Art (Bild: CC-BY-2.0)

1

SCHLACHTSCHIFFE

»Scharnhorst« und »Gneisenau«

Deutschland stufte die »Gneisenau« und die »Scharnhorst« als Schlachtschiffe ein, aber in Großbritannien wurden sie als Schlachtkreuzer klassifiziert. Versucht man diese Schiffe auf alten Fotos zu identifizieren, ist das eine so große Herausforderung, dass selbst Experten Probleme damit haben, zwischen beiden zu unterscheiden. Der Grund dafür ist, sie schauen beide gleich aus, erfuhren aber während ihrer kurzen Lebensspanne viele geringfügige und voneinander abweichende Modifizierungen. Beide Schiffe wurden selbst in gemäßigten Gewässern außergewöhnlich nass, das Wasser schwappte oft über den Bug und machte so das Leben vom Achtschiff bis zur Brücke schwierig. Dieser Umstand zog nach sich, dass die schweren Geschütztürme in rauem Seegang nicht mit voller Leistung funktionierten. Um Abhilfe zu schaffen wurde der Bug verlängert und der ursprünglich gerade Steven durch einen beeindruckenden, sich nach außen krümmenden »Klipper«- oder »Atlantik«-Bug ersetzt. Andere Probleme waren weit weniger ernst, aber sie waren unangenehm und behinderten oft Operationen. Zum Beispiel hüllte der Rauch vom Schornstein die Spitze des Kommandoturms ein, wo sich der zentrale Artillerieleitstand mit seinen großen optischen Entfernungsmessern befand. Das behinderte nicht nur die Sicht, sondern verursachte auch einen öligen Überzug auf der kalten Oberfläche, wodurch ein übermäßiges Saubermachen nötig wurde. Um dies zu verhindern, hat der Schornstein eine Abdeckkappe aufgesetzt bekommen, die den Rauch von der problematischen Zone weglenkte.
Beide, die »Gneisenau« und die »Scharnhorst«, begannen ihre Laufbahn 1932 als offizielle Planung der Marine, ein Jahr, bevor Hitler an die Macht kam. Ziel war, das Schlachtschiff »Hessen« aus der Zeit vor dem Ersten Weltkrieg durch eine moderne Version der alten Mackensen-Klasse zu ersetzen, die als »Großer Kreuzer« eingestuft worden war. Allerdings machte die neue »Deutschland«, die bei den Deutschen Werken in Kiel gebaut wurde, weit bessere Fortschritte als erwartet, und so wurden die neuen Schiffe dahingehend geändert, dass sie einer großen Version dieser Panzerschiffe ähnelten, aber mit einem stärker gepanzerten Deck, das es ihnen ermöglichte, schweren Bombenangriffen von Flugzeugen zu widerstehen.

Viele Leute waren immer noch nicht davon überzeugt, dass Dieselantrieb eine geeignetere Energiequelle für große Schiffe war und deshalb wurden Pläne so geändert, dass eine Rei-

Die »Scharnhorst« nach ihrer Fertigstellung, aber noch bevor der beeindruckende »Atlantik-Bug« hinzugefügt wurde, der verhindern sollte, dass der Bug bei schwerer See so furchtbar nass wurde.

he von Dampfkesseln und Turbinen aufgenommen werden konnten. In einer ziemlich späten Phase der Entwicklung wurde entschieden, die »Gneisenau« und die »Scharnhorst« mit drei Doppeltürmen, bestückt mit 380-mm-Kanonen, auszurüsten, aber die Hersteller konnten diesen Auftrag nicht vor frühestens 1940 erfüllen. Die Kriegsmarine wollte diese Schiffe aber lange vorher einsatzbereit haben. Das Problem wurde gelöst, indem beide Schiffe 280-mm-Kanonen bekamen, welche sich schon für die neuen Panzerschiffe in Produktion befanden. Man plante, diese einmal auszutauschen, sobald die schwereren Geschützrohre fertig waren. Weil der Krieg aber zu früh begann, erfolgte dieser Austausch nie.Keines dieser Schiffe war bei Kriegsbeginn voll funktionstüchtig und deshalb waren sie bei keiner frühen Marineoperation dabei. Die »Gneisenau« hatte ihren ersten Kriegseinsatz im Oktober 1939 zusammen mit dem Leichten Kreuzer »Köln«, aber im vorgesehenen Operationsgebiet

Schiffstyp	Schlachtschiffe – in England als Schlachtkreuzer bezeichnet
Name	Scharnhorst = S; Gneisenau = G
Bauwerft	S = Kriegsmarinewerft, Wilhelmshaven G = Deutsche Werke, Kiel
Stapellauf	S = 3. Oktober 1936; G = 8. Dezember 1936
Indienststellung	S = 7. Januar 1939; G= 21. Mai 1938
Deplacement	31,850 t
Deplacement max.	38,900 t
Länge in der KWL	226 m
Länge maximal	234,9 m
Breite	30 m
Tiefgang	9,9 m
Maschinenanlage	12 Kessel in 3 Gruppen und Getriebeturbinen
Anzahl der Wellen	3
Gesamtleistung	160.000 WPS
Höchstgeschw.	31,5 kn
Marschgeschw	17 kn
Fahrbereich	7.100 sm (S), 6.200 sm (G) bei 19 kn
Panzerdeck	50-105 mm
Seitenpanzer	45-350 mm
Bewaffnung:	020mm 10-38; 037mm 16; 088mm 00; 105mm 14; 150mm 12; 203mm 00; 280mm 09; 380mm 00
Torpedorohre	6
Flugzeugkatapult	2 später 1
Flugzeuge	4
Besatzung	1.840

Schlachtschiff »Gneisenau« 1939/1940
(Bild: Deutsches Bundesarchiv)

(die Seestraßen zwischen Großbritannien und Skandinavien) befand sich kein gegnerisches Schiff. Aus diesem Grund kehrten beide Schiffe zurück, ohne in ein Gefecht verwickelt worden zu sein. Sowohl die »Gneisenau« als auch die »Scharnhorst« fuhren am Ende des nächsten Monats wieder hinaus, diesmal in die Gewässer südlich von Island, wo die »Scharnhorst« in ein Gefecht mit dem britischen Hilfskreuzer »Rawalpindi« verwickelt wurde.

Die »Scharnhorst« wurde am 26. Dezember 1943 um 18.40 Uhr in der berühmten Schlacht am Nordkap von Norwegen von britischen Seestreitkräften versenkt. Die »Gneisenau« wurde durch einen Bombenangriff auf Kiel in der Nacht vom 26. auf den 27. Februar 1942 außer Gefecht gesetzt und im darauffolgenden April vom aktiven Dienst zurückgezogen. Teile wurden ausgeschlachtet und für andere Zwecke verwendet. Sowohl der »C«-Turm als auch ein Entfernungsmesser können immer noch in einem Museum bei Trondheim (Norwegen) besichtigt werden. Dort an der Küste Norwegens waren sie von den Deutschen fest installiert worden, um Annäherungen an den Hafen zu verhindern. Das Wrack der Gneisenau wurde schließlich gegen Kriegsende in Gotenhafen versenkt und von den Russen zwischen 1947 und 1951 verschrottet.

Schlachtschiff »Scharnhorst« 1939/1940 (Bild: Deutsches Bundesarchiv)

»Gneisenau« – hier zu sehen – und »Scharnhorst« besaßen je drei 28-cm-Drillingstürme, während »Bismarck« und »Tirpitz« je vier 38-cm-Doppeltürme führten

Das Vordeck samt Geschützturm der »Gneisenau«
(Bild: World-War-Photos)

Schlachtschiff »Gneisenau«
1939/1940 (Bild: Deutsches Bundesarchiv)

Das Schlachtschiff »Scharnhorst« im Jahr 1939
(Bild: Bundesarchiv, 23-63-07, CC-BY-SA-3.0)

Blick von seitlich hinten auf die »Scharnhorst«, im Vordergrund ein U-Boot. Auch diese Aufnahme stammt von 1939 (Bild: National Museum of the US-Navy)

Das Schlachtschiff »Scharnhorst« mit angetretener Mannschaft und Offizieren auf dem Deck (Bild: National Museum of the US-Navy)

Das Schlachtschiff »Gneisenau« im Jahr 1939
(Bild: World-War-Photos)

Die »Gneisenau« mit rauchenden Schloten
(Bild: World-War-Photos)

Das Schlachtschiff »Gneisenau« vor seinem Umbau (Bild: Bundesarchiv, 23-63-02, CC-BY-SA-3.0)

Bewaffnet war die »Gneisenau« u. a. mit 28-cm-Drillingstürmen wie hier auf dem Vordeck (Bild: World-War-Photos)

»Bismarck« und »Tirpitz«

Die größte Bedrohung für die »Bismarck« und »Tirpitz« war ihre schiere Existenz, kombiniert mit der Tatsache, dass sie die Macht hatten, beinahe alle Schiffe der Royal Navy auf den Meeresboden zu befördern, falls sie sich auf hoher See im Zweikampf begegnen würden. (Das britische Schlachtschiff »Prince of Wales« hatte 35.000 Tonnen und 360-mm-Kanonen, während »Rodney« und »Nelson« leer 36.000 ts std. wogen und über 410-mm-Kanonen verfügten.) Das bedeutete, dass Großbritannien es sich nicht leisten konnte, weder die »Bismarck« noch die »Tirpitz« in die große Weite des Atlantiks durchbrechen zu lassen. Stattdessen war es mehr oder weniger gezwungen, massive Operationen gegen die beiden deutschen Schiffe zu unternehmen. Was mit der »Bismarck« geschah, ist allseits bekannt. Sie wurde am 27. Mai 1941 während ihrer ersten und einzigen Feindfahrt versenkt, weil Großbritannien alles, was die Royal Navy aufbieten konnte, gegen sie ins Gefecht warf.

Die »Tirpitz« entging solch einem dramatischen Schicksal, weil sie sich im Labyrinth der Tiefwasser-Fiorde von Norwegens tief eingeschnittener Küste versteckte. Die meiste Zeit über war sie außerhalb der Reichweite der Royal-Air-Force-Bomber, aber trotzdem wurden wenigstens 12 große Bomberangriffe gegen sie unternommen. Großbritannien griff auch mit speziell gebauten Klein-U-booten namens »Chariots« an, Geräten mit 2 »Torpedoreitern«, sowie mit den sehr erfolgreichen »X-Craft«, welche schließlich das Schicksal dieses gewaltigen Schlachtschiffes am 22. September 1943 besiegelten. Unfähig, sich aus eigener Kraft zu bewegen, wurde das Schiff zur Reparatur nach Tromsö gezogen, wo es in schwere Luftangriffe geriet. Die »Tirpitz« kenterte am 12. November 1944 als Ergebnis der Angriffe von Lancaster-Bombern, die spezielle panzerbrechende Bom-

ben trugen, entworfen von Barnes Wallis, dem Mann, der auch die Rollbombe erfand, die von den »Dambusters« (Staudammbrecher) der 617. RAF-Squadron verwendet wurde.
»Tirpitz« und »Bismarck« begannen ihre Laufbahn als formelle Bauentwürfe. Anders als andere Schlachtschiffe waren sie keine Nachahmung einer anderen Entwurfsidee. Ihre Konstruktion und ihr Plan waren mehr als exzellent und viele sahen in ihnen die ultimative Schlachtschiff-Entwicklung. Ihr Verhalten auf See war ausgezeichnet, sie reagierten leichtgängig und schnell selbst auf geringe Ruderbewegungen bei niedriger Geschwindigkeit, was es verhältnismäßig leicht machte, durch beengte Gewässer zu manövrieren. Jedoch hat die Geschichte gezeigt, dass ihre Bauweise einige größere Fallstricke in sich barg. Einer der ersten wurde am Tag des Stapellaufs von
Hitler, einem Nichtseemann, herausgestellt, als er mit dem Finger auf die massiven Ruder zeigte und fragte, was wohl passieren würde, wenn diese von einem Torpedo getroffen
würden. Teddy Suhren, das U-Boot-Ass, der Zeuge dieser Szene war, bemerkte später, dass ihm dieser direkte Blick in die Zukunft wie eine unheimliche Prophezeiung des »Führers« erschien. Das Ende der »Bismarck« wurde genau so verursacht – durch einen Torpedo, der von einem Flugzeug abgeworfen wurde, zufällig das Ruder traf und so jede genaue Steuerung unmöglich machte.
Ein anderes ernstes Problem war bereits früher aufgetaucht, als die »Bismarck« ihre ersten Treffer erhielt. Ein relativ kleiner Schaden verursachte die Isolierung einer sehr großen Menge an Schweröl im Vorschiffbunker, wodurch dieses nicht in die Motoren gepumpt werden konnte. Manche Marinehistoriker verweisen auf das ziemlich seltsame und vielleicht auch ein wenig antiquierte dreistufige Bewaffnungssystem, bei dem die drei größten Geschützkaliber nur gegen Oberflächenziele gerichtet werden konnten. Das stimmt freilich nicht. Die zweitgrößten Geschütze, diese mit 150-mm-Rohre, saßen in drei gewöhnlich aussehenden Doppelgeschütztürmen entlang beider Seiten des Decksaufbaus. Die kleinsten Geschütze, diese mit einem Kali-

Schlachtschiff »Bismarck«
(Dr. W.H. Bleichrodt)

1 Schlachtschiffe

Die sehr gut aussehende »Bismarck« in diesen ruhigen norwegischen Gewässern während des Unternehmens »Rheinübung«, ehe sie auf ihrer ersten und einzigen Feindfahrt den Marsch fortsetzte. Das Foto wurde vom Schweren Kreuzer »Prinz Eugen« aus aufgenommen, der sie begleitete

ber von 105 mm, konnten gegen Ziele auf der Wasseroberfläche und hoch über das Schiff gerichtet werden. Zusätzlich zu diesen drei unabhängigen Systemen besaßen sowohl die »Bismarck« als auch die »Tirpitz« eine beeindruckende Anordnung von Luftabwehrgeschützen.
Es gab auch eine imposante Anzahl an Fla-Leitstände zur Luftabwehr, die kardanisch aufgehängt waren, um zu verhindern, dass die Fla-Geschütze sich bei schwerer See bewegten. Die Konstruktion dieser Feuerleitstände war so kompliziert, dass die geplanten sechs für die »Bismarck« nicht rechtzeitig fertiggestellt werden konnten und nur vier installiert wurden. Die wichtigsten Artilleriefeuerleitstände können auf alten Fotografien an den gewaltigen optischen Entfernungsmessern erkannt werden und die kleineren Fla-Leitstände an den Kuppeln, die darüber gespannt waren, um sie vor dem Wetter zu schützen. Um die Angelegenheit noch mehr zu verwirren, auch Scheinwerfer waren mit kuppelähnlichen Schutzvorrichtungen versehen, aber diese waren gewöhnlich nicht auf einem festen, röhrenartigen Fundament aufgestellt, sondern meist auf einer Seite der Aufbauten angebracht. Der Hauptfeuerleitstand saß auf der Spitze des Turmmastes. Zudem gab es noch den vorderen und den achteren Feuerleitstand für die Schwere Artillerie, und im Notfall konnte jeder Geschützturm auch unabhängig von den anderen feuern.

Schiffstyp	Schlachtschiff
Name	Bismarck
Bauwerft	Blohm & Voss, Hamburg
Stapellauf	14. Februar 1939
Indienststellung	24. August 1940
Deplacement	41.700 t
Deplacement max.	50.900 t
Länge in der KWL	241,6 m
Länge maximal	251 m
Breite	36 m
Tiefgang	9,9 m
Maschinenanlage	12 Kessel in 3 Gruppen mit Getriebeturbinen
Anzahl der Wellen	3
Gesamtleistung	138.000 WPS
Höchstgeschw.	30,1 kn
Marschgeschw	19 kn
Fahrbereich	8.525 sm bei 19 kn
Panzerdeck	50-120 mm
Seitenpanzer	bis 320 mm
Bewaffnung:	020mm - 12-52, 037mm - 16; 088mm - 00; 105mm - 16; 150mm - 12; 203mm - 00; 280mm - 00; 380mm - 8
Torpedorohre	8
Flugzeugkatapult	1 Doppelkatapult
Flugzeuge	6
Besatzung	2.092

Oben: Schlachtschiff »Bismarck« 1939 im Dock (Bild: Deutsches Bundesarchiv)

Die »Bismarck« während eines Manövers (Bild: World-War-Photos)

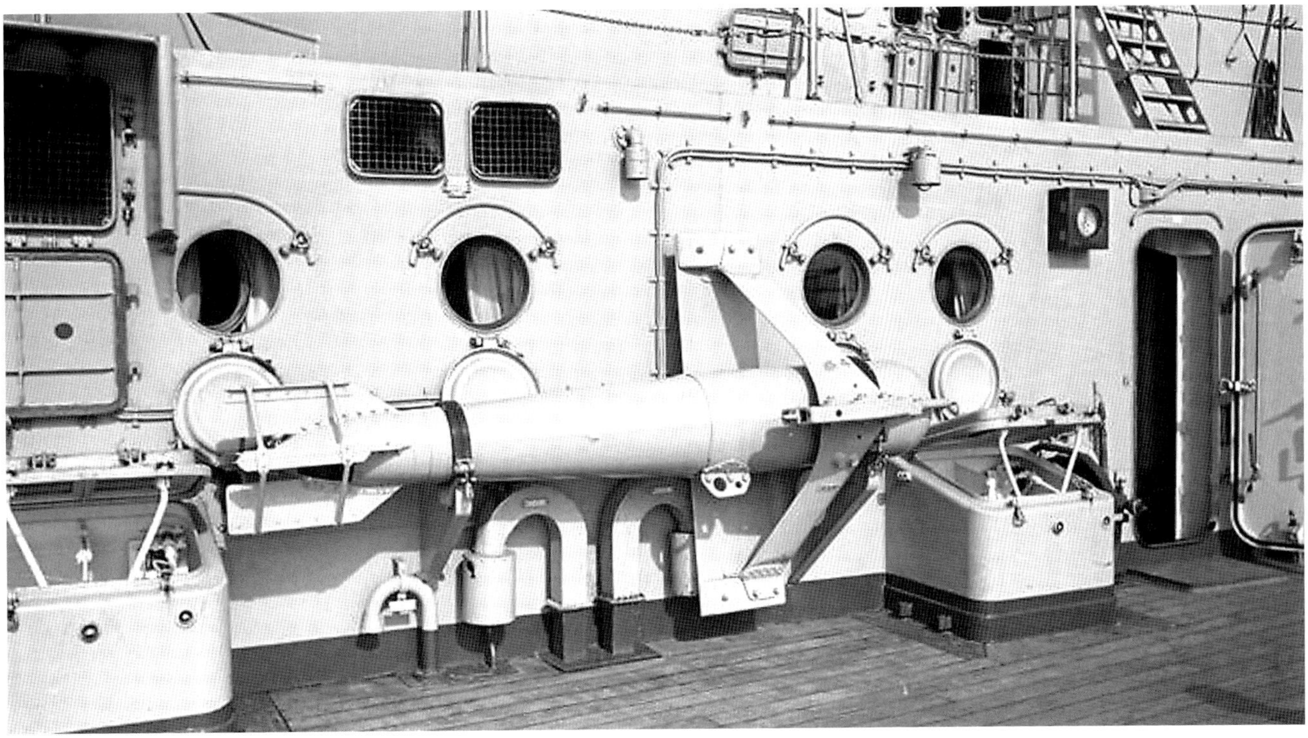

Schottwand zwischen Turm »Cäsar« und 15 cm Turm Stb III
(Bild: Deutsches Bundesarchiv)

Indienststellung der »Bismarck« am 24. August 1940
(Bild: Deutsches Bundesarchiv)

1 Schlachtschiffe

An Bord des Schlachtschiffes »Bismarck« (Bild: Bundesarchiv, 193-05-3-39, CC-By-SA-3.0)

Indienststellung des Schlachtschiffes »Bismarck« am 24. August 1940 (Bild: Bundesarchiv, 101II-MN-1361-16A, CC-BY-SA-3.0)

Unten: Die »Bismarck« 1940 am Ausrüstungskai. (Bild: Deutsches Bundesarchiv)

Überlebende der »Bismarck« werden von den Engländern aus dem Wasser gefischt und an Bord genommen. (Bild: Imperial War Museum)

Das Passagierschiff »Senator Brunnemann«
an der Seite der »Bismarck«
(Bild: World-War-Photos)

Schiffstyp	Schlachtschiff
Name	Tirpitz
Bauwerft	Kriegsmarinewerft, Wilhelmshaven
Stapellauf	1. April 1939
Indienststellung	25. Februar 1941
Deplacement	43.900 t std
Deplacement max.	52.600 t
Länge in der KWL	241,6 m
Länge maximal	251 m
Breite	36 m
Tiefgang	10,6 m
Maschinenanlage	12 Kessel in 3 Gruppen mit Getriebeturbinen
Anzahl der Wellen	3
Gesamtleistung	138.000 WPS
Höchstgeschw.	30,8 kn
Marschgeschw	19 kn
Fahrbereich	8.870 sm bei 19 kn
Panzerdeck	50-120 mm
Seitenpanzer	bis 320 mm
Bewaffnung:	020mm - 12-58; 037mm - 16; 088mm - 00; 105mm - 16; 150mm - 12; 203mm - 00; 280mm - 00; 380mm - 08;
Torpedorohre	8
Flugzeugkatapult	1 Doppelkatapult
Flugzeuge	6
Besatzung	2.608

Oben: »Tirpitz«, die einsame Königin des Nordens, zeigt hier die volle Macht ihrer Schweren und Mittleren Artillerie.

Linke Seite: Schlachtschiff »Tirpitz« und Zerstörer in Kiellinie vor der Küste Norwegens, Oktober 1942 (Bild: Deutsches Bundesarchiv)

Rechts: Stapellauf der »Tirpitz« am 1. April 1939 in Wilhelmshaven (Bild: Deutsches Bundesarchiv)

Bug des Schlachtschiffes »Tirpitz« in Frontalaufnahme aus dem Jahr 1940 (Bild: World-War-Photos)

Das Schlachtschiff »Tirpitz« feuert aus vollen Rohren (Bild: World-War-Photos)

Die »Tirpitz«, das Schwesterschiff der »Bismarck«, versteckte sich in den Tiefwasser-Fjorden Norwegens (Bild: World-War-Photos)

2

ALTE SCHLACHTSCHIFFE

»Schlesien« und »Schleswig-Holstein«

Der Begriff »Schlachtschiff« ist von der deutschen Marine erst gegen Ende des Ersten Weltkriegs benutzt worden. Zuvor nannten sie diese Schiffsklasse »Linienschiff«.
Diese beiden alten Damen wurden von 1901 bis 1903 entworfen und stellen die letzten Schlachtschiffe dar, die vor der epochemachenden britischen »Dreadnought« gebaut wurden. Um ihr Alter ins rechte Licht zu rücken: Sie wurden vom Stapel gelassen kurz bevor Deutschlands erstes U-Boot, die U 1, erschien, und sie waren tatsächlich fast bis zum Ende des Zweiten Weltkriegs in Dienst. Jedoch waren sie schon beim Beginn des Ersten Weltkriegs veraltet, standen aber bei der berühmten Seeschlacht am Skagerrak immer noch im Dienst. Danach wurden sie zu anderen Aufgaben nach Kiel abkommandiert und dienten dort im Hafen als Wohnschiffe. Ihr Hauptnachteil war, dass sie gebaut worden waren, bevor Unterwasserpanzerung ein Standardmerkmal wurde, um Schäden durch Torpedos zu verringern. Der Versailler Friedensvertrag schrieb vor, dass sie reaktiviert werden sollten, um das Rückgrat von Deutschlands neuer Nachkriegsflotte zu bilden. Über die Jahre waren erhebliche Umbauten notwendig, bis diese alten Schlachtschiffe schließlich eine neue Verwendung als Ausbildungsschiffe für junge Kadetten fanden. Obwohl einiges von der zweitrangigen Bewaffnung entfernt worden war, dienten diese Schiffe noch in beachtenswerter Weise während des Zweiten Weltkriegs und fanden ihr Ende erst wenige Tage, bevor auch der Krieg aus war. Dass sie den Kaiser-Wilhelm-Kanal (heute Nord-Ostsee-Kanal) während der außergewöhnlich kalten Winter eisfrei hielten, war einer ihrer beachtenswerten Leistungen.
Die »Schlesien« sank, als sie am 3. Mai 1945 auf eine Mine bei Swinemünde auflief. Später wurde sie gehoben und nach Königsberg gezogen, wo sie bis 1949 abgewrackt wurde. Die »Schleswig-Holstein« wurde am 18. Dezember 1944 von der Royal Air Force in Gotenhafen (heute Gdingen) bombardiert.

Das alte Schlachtschiff »Schlesien« stammte noch aus der Zeit vor dem Ersten Weltkrieg und nahm an der Seeschlacht vor dem Skagerrak teil.

Schiffstyp	Alte Schlachtschiffe
Name	»Schlesien« »Schleswig-Holstein«
Bauwerft	S = F. Schichau, Danzig SH = Germaniawerft, Kiel
Stapellauf	S = 28. Mai 1906; SH = 17. Dezember 1906
Indienststellung	S = 5. Mai 1908 SH = 6. Juli 1908
Deplacement	13.191 t std
Deplacement max.	14.218 t
Länge in der KWL	125,9 m
Länge maximal	126 m
Breite	22,2 m
Tiefgang	8,2 m
Maschinenanlage	3 Kolbenmaschinen
Anzahl der Wellen	3
Gesamtleistung	19.330 PSi
Höchstgeschw.	19,1 kn
Marschgeschw	12 kn
Fahrbereich	4000-5600 sm
Bewaffnung:	020mm - 04; 037mm - 0 –; 088mm - 04 105mm - 0 –; 150mm - 10; 203mm - 0 – 280mm - 04
Besatzung	588 / 596 Stamm und 214 / 175 Kadetten

Die »Schleswig-Holstein« war eines der übriggebliebenen alten Schlachtschiffe aus dem Ersten Weltkrieg. Es nahm ebenfalls teil an der Seeschlacht vor dem Skagerrak und diente der deutschen Kriegsmarine bis Ende März 1945

Das noch aus dem Ersten Weltkrieg stammende Schlachtschiff »Schlesien« mit an Deck angetretener Mannschaft (Bild: World-War-Photos)

Die »Schlesien« beim Einlaufen in den Hafen Horta auf den Azoren im Jahr 1938 (Bild: Schuhmacher, CC-BY-3.0)

2 Alte Schlachtschiffe

Das ehemalige Linienschiff »Schlesien« musste einige Umbauten über sich ergehen zu lassen, um einigermaßen mit modernen Schlachtschiffen mithalten zu können (Bild: Library of Congress)

Das alte Schlachtschiff »Schleswig-Holstein« im September 1939 in Danzig. Ihr Beschuss der Westerplatte markiert den Beginn des Zweiten Weltkrieges.

Das ehemalige Linienschiff »Schleswig-Holstein« während seiner Durchfahrt durch den Kaiser-Wilhelm-Kanal im Jahr 1931 (Bild: Bundesarchiv, 102-11521, CC-BY-SA-3.0)

Die »Schleswig-Holstein« feuert im Jahr 1929 einen Übungstorpedo ab (Bild: Bundesarchiv, 1929-K16, CC-BY-SA-3.0)

Die »Schleswig-Holstein« ankert Mitte der 30er Jahre in der Ostsee (Foto: Siegfried Rapp)

Die »Schlesien« bei der Durchfahrt durch den Panama-Kanal im Jahr 1938 (Bild: US Naval Historical Center)

3

PANZERSCHIFFE

Panzerschiffe wurden im Februar 1940 neuklassifiziert als »Schwere Kreuzer«, aber es ist wichtig, daran zu erinnern, dass diese beiden deutlich unterschiedlichen Schiffstypen beträchtliche Abweichungen in ihrer Leistung aufwiesen und der Antrieb der Schweren Kreuzer besonders anfällig war.
Das erste Panzerschiff, die »Deutschland«, wurde in einer Zeit ernster Wirren im Land geplant, als die Menschen hungerten, weil viele Arbeiter arbeitslos waren und in unvorstellbarer Armut lebten. Aus diesem Grund gab es viele Proteste gegen den Bau aller Arten von hochseetüchtigen Schiffen, und es scheint, dass die Reichsmarine dieses Programm von der Regierung nur wegen der Bedrohung, die die neuen Panzerschiffe für die Kreuzer des Washingtoner Abkommens darstellten, genehmigt bekam. (Das wurde bereits kurz in der Einleitung angesprochen.) Die Regierung hoffte, dass ein solches Schiff die Alliierten an den Verhandlungstisch bringen würde, um für Deutschland bessere Gesamtbedingungen zu erhalten als diejenigen im Versailler Vertrag.
Der Bau dieses neuen Typs von Panzerschiff stellte die Konstrukteure vor beträchtliche Probleme, weil sie immer noch auf die 10.000 Tonnen beschränkt waren, die der Versailler Vertrag auferlegt hatte. Aus diesem Grund standen Maßnahmen zur Einsparung von Gewicht ganz oben auf der Prioritätsliste.
Eine davon war die Verwendung von Schweißnaht-Techniken anstelle von Nieten, das sparte das Gewicht der »Köpfe« auf beiden Seiten der Panzerplatten. Eine andere Maßnahme bestand darin, die geplanten drei oder vier Geschütztürme zu verwerfen und nur zwei Türme mit jeweils drei Geschützrohren einzubauen. Das war möglich, weil ein neues schnellfeuerndes System erfunden worden war, welches erlaubte, alle drei Kanonen halbautomatisch wieder zu laden, sogar bei großer Erhöhung, ohne sie zwischen den Schüssen absenken zu müssen. Jedoch hatte dies den verheerenden Nachteil, dass die drei Geschützrohre sich nicht auf mehr als ein Ziel auf einmal richten konnten. Wie die Geschichte gezeigt hat, ermöglichte dies drei kleineren Kreuzern nahe genug heranzukommen und einen beachtlichen Schlag auszuteilen.
Dies geschah in der berühmten Seeschlacht vor dem Rio de la Plata in Südamerika, als das Panzerschiff »Admiral Graf Spee« (Kpt.z.S. Hans Langsdorff) dort kurz vor Weihnachten 1939 auf die britischen Kreuzer »Exeter«, »Ajax« und »Achilles« traf.

Vor ihrem Umbau: Panzerschiff »Admiral Graf Spee« 1936 (Bild: Deutsches Bundesarchiv)

Panzerschiff »Deutschland«

Für die »Deutschland« (ab Februar 1940 Schwerer Kreuzer Lützow) wurde eine enorme Zahl an Entwürfen angefertigt, bevor der endgültige Plan an die Schiffsbauer übergeben wurde. Erstmals wurde entschieden, Dieselantrieb statt Kessel und Turbinen zu verwenden, und die Erbauer gingen davon aus, man könnte die Schornsteine abschaffen und ein Schiff mit einem Glattdeck herstellen, das mehr wie ein Flugzeugträger aussah als jedes andere Schiff, das sich bisher in Produktion befand. Unglücklicherweise war das Konzept eines Flugdecks zu dieser Zeit nicht von Nutzen, weil Deutschland erstens keine militärischen Flugzeugträger bauen oder besitzen durfte und weil zweitens die Flugzeuge, die vorhanden waren, viel zu schwach waren, um auf einem rollenden und stampfenden Schiff eingesetzt zu werden. Leute, die mit dem Testen und Beurteilen der Schiffsdieselmotoren beschäftigt waren, brachten das Argument an, dass der Schornstein kein Element war, welches man einfach weglassen konnte, weil eine Ausströmöffnung in der Seite des Schiffskörpers dazu führen würde, dass zuviel schwarzer Rauchniederschlag sich auf die Aufbauten legen könnte. Daher entschied man sich für eine traditionelle Schiffsform.
Die »Deutschland« erwies sich als ausgezeichnetes Schiff, das in der Lage war, das schwierigste Fahrwasser zu manövrieren, ohne dabei Schlepperhilfe zu benötigen. Verantwortlich waren ihre acht Dieselmotoren, welche zwei Wellen antrieben, die in zwei Richtungen rotieren konnten. Es gab kein Umkehrgetriebe, aber Dieselmotoren konnten gestartet werden, indem man sie sich entweder mit oder gegen dem Uhrzeigersinn drehen ließ. Auf diese Weise konnten die Maschinen angehalten und in die entgegengesetzte Richtung neu angelassen werden. Mit diesem Panzerschiff, das vier Motoren pro Welle hatte, war es möglich, zwei davon so zu starten, dass die Propeller vorwärts angetrieben wurden, und die anderen beiden so, dass sie sich andersherum drehten. Sobald sie einmal liefen, war es leicht, die Motoren ziemlich schnell an- oder auszuschalten, so dass die Schrauben in jede gewünschte Richtung gedreht werden konnten. Ließ man eine Schraube sich in die entgegengesetzte Richtung drehen wie die andere, war das Schiff in der Lage, in sehr engem Drehkreis zu wenden.
Das Schreckgespenst der deutschen Kriegsmarine, außergewöhnlich nasse Vorschiffe zu haben, betraf auch in beachtlichem Ausmaß die Panzerschiffe, so dass Nachbesserungen nötig wurden, um zu verhindern, dass die Hälfte des vorderen Schiffteils sogar in gemäßigt stürmischem Wetter unzugänglich wurde. Dies wurde erreicht, indem man das Vorschiff verlängerte und um einen sogenannten »Klipper-« oder »Atlantikbug« erweiterte. Die »Deutschland« war das erste große Kriegsschiff, das in Deutschland jemals mit großen Schiffsdieselmotoren gebaut wurde. Diese frühen Versionen hatten ihre eigenen Macken. Die »Deutschland« stach wenige Tage vor Ausbruch des Zweiten Weltkriegs in See und verbrachte 1940/41 eine lange Werftliegezeit damit, eine Vielzahl an Fehlern zu beseitigen, und das bestimmte oft ganz genau, was das Schiff konnte oder nicht konnte. Viele Historiker haben auf den ärmlichen Nutzeffekt der »Deutschland« in Bezug auf das Versenken anderer Schiffe hingewiesen, sie sagen, Hitler sei so wütend gewesen über ihre mangelhafte Leistung, dass er anordnete, als Strafe für die Besatzung den Namen des Schiffes zu ändern. Wie viele andere Behauptungen ist auch diese nichts weiter als eine Fehlinterpretation der Autoren. Hätten sie sich Originalaufzeichnungen angeschaut, würden sie ge-

Das Panzerschiff »Deutschland« im Jahr 1933

wusst haben, dass die Änderung des Namens in »Lützow« drei Monate zuvor, im September 1939, von Großadmiral Erich Raeder, dem Oberbefehlshaber der Kriegsmarine, empfohlen wurde und nicht auf Hitler zurückging. Eine andere Sache, die oft von Historikern falsch interpretiert wird, ist, dass sie behaupten, die »Deutschland« sei als Handelsstörkreuzer gebaut worden. Das ist nicht wahr. Der Entwurf kam zustande, weil er das war, was die Technik den Planern zu produzieren ermöglichte. Er war vortrefflich dafür geeignet, Handelsschiffe aufzubringen, aber das war nicht der Grund für den Bau des Schiffs. Das Schiff hatte eine kontroverse Karriere, wurde mehrere Male außer Betrieb gestellt und schaffte es beinahe, den Krieg zu überstehen. Infolge eines Bombenangriffs auf Swinemünde am 16. April 1945 sank es in flachem Gewässer. Die Decks blieben über Wasser und die schweren Geschütze wurden immer noch einige Wochen lang gegen die Rote Armee eingesetzt.

Die »Deutschland« während ihres Stapellaufs am 19. Mai 1931 (Bild: Bundesarchiv, 102-11704, CC-BY-SA-3.0)

Schiffstyp	Panzerschiff
Name	Deutschland / Lützow
Bauwerft	Deutsche Werke, Kiel
Stapellauf	19. Mai 1931
Indienststellung	1. April 1933
Deplacement	11.700 t std
Deplacement max.	15.900 t
Länge in der KWL	181,7 m
Länge maximal	187,9 m
Breite	20,7 m
Tiefgang	7,25 m
Maschinenanlage	8 x 9 Zylinder Diesel
Anzahl der Wellen	2
Gesamtleistung	54.000 PSe
Höchstgeschw.	28 kn
Marschgeschw	20 kn
Fahrbereich	10.000 sm bei 20 kn
Panzerdeck	18-40 mm
Seitenpanzer	bis 60
Bewaffnung:	020mm; 10-28; 037mm - 08; 088mm - 00; 105mm - 06; 150mm - 08; 203mm - 00; 280mm - 06; 380mm - 00
Torpedorohre	8
Flugzeugkatapult	1
Flugzeuge	2
Besatzung	1.046

Panzerschiff »Deutschland« im Jahr 1936 (Bild: Imperial War Museum)

Blick auf die Deutschland« und den vorderen Drillingsturm. Ebenfalls zu sehen: das Aufklärungsflugzeug Arado Ar 196 (Bild: US Naval Historical Research)

3 Panzerschiffe

Das Panzerschiff »Deutschland« wurde später neuklassiert als Schwerer Kreuzer und 1939 in »Lützow« umbenannt.

Panzerschiffe »Admiral Scheer« und »Admiral Graf Spee«

Als der Krieg begann, wartete die »Admiral Scheer« auf einen Umbau bei einer längeren Werftliegezeit und ein Großteil der internen Maschinerie war bereits ausgebaut worden.
Als Folge davon war das Schiff nicht vor Ablauf eines Jahres einsatzbereit und unternahm seine erste Feindfahrt nicht vor dem 23. Oktober 1940. Vor dieser Überholung hatten sowohl die »Admiral Scheer« als auch die »Admiral Graf Spee« ähnliche, schachtelartige Gefechtstürme, aber die Planer haben genügend Unterschiede gelassen, um die beiden auseinanderhalten zu können. Am einfachsten lassen sie sich an den Fenstern der Admiralsbrücke unterscheiden, die oberhalb der Schiffsbrücke gelegen war. Auf der »Spee« befanden sich hier vier rechteckige Fenster auf der Vorderseite; soviel wie Buchstaben in ihrem Namen. Die »Admiral Scheer« hatte nur drei solche Fenster.

Panzerschiff »Admiral Scheer« vor dem Umbau.

Panzerschiff »Admiral Scheer« mit angetretener Besatzung in Paradeaufstellung auf See 1934 (Bild: Deutsches Bundesarchiv)

Schiffstyp	Panzerschiff
Name	Admiral Scheer Admiral Graf Spee
Bauwerft	Kriegsmarinewerft, Wilhelmshaven
Stapellauf	AS = 01. April 1933 AGS= 30. Juni 1934
Indienststellung	AS= 12. November 1934 AGS = 06. Januar 1936
Deplacement	12.100 t std
Deplacement max.	16.200 t
Länge in der KWL	181,7 m
Länge maximal	187,9 m
Breite	21,34 m (Scheer) 21,70 m (Spee)
Tiefgang	7 m
Maschinenanlage	8 x 9 Zylinder Diesel
Anzahl der Wellen	2
Gesamtleistung	54.000 PSe
Höchstgeschw.	28 kn
Marschgeschw	20 kn
Fahrbereich	9.100 (AS) / 8.900 (AGS) sm bei 20 kn
Panzerdeck	18-45 mm
Seitenpanzer	bis 80
Bewaffnung:	020mm - 10-28; 037mm - 08; 088mm - 00; 105mm - 06; 150mm - 08; 203mm - 00; 280mm - 06; 380mm - 00
Torpedorohre	8
Flugzeugkatapult	1
Flugzeuge	2
Besatzung	1.150

Das vordere Deck samt Drillingsgeschützturm des Panzerschiffs »Admiral Scheer« (Bild: World-War-Photos)

Die »Admiral Scheer« mit ihrem Seebeobachtungsflugzeug vom Typ Heinkel He 60 (Bild: US Navy)

Zusätzlich besaß die »Spee« oberhalb dieser Fenster und unterhalb des vorderen Röhrenmastscheinwerfers ein massives dunkles Schild mit der Aufschrift »Coronel«. (Bei Coronel hatte Vizeadmiral Maximilian Graf von Spee ein bedeutendes Seegefecht des Ersten Weltkriegs gewonnen.) Als die »Graf Spee« auf Feindfahrt ging, hatte sie einen Scheinwerfer an der Vorderseite des Gefechtsturms befestigt, aber dies ist kein narrensicheres Identifikationsmerkmal, weil sie früher auch schon einen auf jeder Seite hatte, beinahe identisch zum Aufbau auf der »Admiral Scheer«.
Die Überholung der »Admiral Scheer« zu Kriegsbeginn sah vor, den schachtelähnlichen Gefechtsturm durch einen Röhrenmast zu ersetzen. Das Schiff operierte weit weg im Indischen Ozean und später auch im kalten Nordpolarmeer. Einmal stieß die »Scheer« tief in die Sibirische See vor, aber das Eis war zu dick und gefährlich für ein einzelnes Schiff ohne Unterstützung. Das Schiff kenterte infolge eines größeren Luftangriffs auf Kiel während der Nacht vom 9. zum 10. April 1945 und ist dort seither geblieben. Das Hafenbecken wurde mit Schutt von der Stadt Kiel ausgefüllt und bildet nun einen Teil des Marinearsenals.

Panzerschiff »Admiral Graf Spee«, von der eigenen Besatzung in der Mündung des Rio de la Plata vor Montevideo versenkt. Fotografiert am 17. Dezember 1939 (Bild: Deutsches Bundesarchiv)

Die Heckansicht des Panzerschiffes »Admiral Graf Spee« mit dem achteren 28-cm-Drillingsturm sowie unterhalb der Reihe der stehenden Seeleute mit den Kalotten der beiden 53,3-cm-Vierlings-Torpedorohrsätze

Blick von oben über das Drillingsgeschütz auf das Vordeck des Panzerschiffs »Admiral Graf Spee« (Bild: World-War-Photos)

Die »Admiral Graf Spee« im Geirangerfjord in Norwegen (Bild: World-War-Photos)

Die »Admiral Graf Spee« beim Zuwasserlassen eines ihrer beiden Wasserflugzeuge (Bild: World-War-Photos)

SCHWERE KREUZER

Fünf Schwere Kreuzer wurden vom Stapel gelassen, aber nur drei von ihnen wurden fertiggestellt. Schwere Kreuzer entstanden auf dem Reißbrett wenigstens ein Jahr vor dem deutsch-britischen Flottenabkommen von 1935 und waren dazu gedacht, die Beschränkungen des Washingtoner Abkommens von 1922 einzuhalten. Trotzdem wurde die Größe rasch erhöht und es dauerte nicht lange und die Schiffe waren sehr viel größer. Diese Planungen fanden zu einer Zeit statt, als heftig über Vor- und Nachteile von Dieselmotoren und Hochdruckheißdampfturbinen gestritten wurde. Die Diesel-Anhänger trugen bei den Panzerschiffen den Sieg davon und Schwere Kreuzer wurden mit dem anderen Antriebstyp ausgestattet. Das erwies sich als äußerst schädlich und höchst befremdlich, weil die Hochdruckheißdampfturbinen nicht nur unglaublich unzuverlässig waren, sondern auch viel durstiger als man zuerst angenommen hatte. Frühe Kalkulationen gingen davon aus, dass ein Schwerer Kreuzer leicht 8000 sm bei ungefähr 20 Knoten zurücklegen würde, aber bei ersten Versuchen kam der erste, »Admiral Hipper«, erstaunlicherweise nicht über 4430 sm bei 19 Knoten hinaus. Einer der größten Pluspunkte beim Entwurf des Schweren Kreuzers war seine Panzerung. Diese erstreckte sich nicht nur über einen großen Teil des Schiffes, sonder war auch dick genug, um signifikante Beschädigungen zu verhindern, wie sie von Beinahetreffern durch Fliegerbomben herrühren konnten, die im Krieg kritisch wurden, als die »Hipper« und die »Prinz Eugen« auf diese Weise angegriffen wurden, während sie im Hafen vor Anker lagen.

Für Luftstreitkräfte waren die Schweren Kreuzer auch deshalb ein schwieriges Ziel, weil ihre mächtigen Fla-Geschütze ein starkes Abwehrfeuer entfalten.

Die »Admiral Hipper« mit ihrem dunkelgrauen Farbanstrich sieht ziemlich bedrohlich aus, während sie vor Anker liegt

»Admiral Hipper«

Wie so viele andere deutschen Großkampfschiffe zeigte auch die »Admiral Hipper« ermutigende Eigenschaften beim Einsatz auf stürmischer See, aber die Vorschiffe waren oft sehr nass und wurden deshalb im Herbst 1939 umgebaut. In engem Fahrwasser zu manövrieren war ebenfalls ein Problem, aber das war nicht so kritisch, weil von diesem Schiff nicht erwartet wurde, eine Slalom-Fahrt ausführen zu können. Gleichzeitig wurden andere, kleinere Umrüstungen vorgenommen, so bekam beispielsweise der Schornstein eine Kappe. Die »Hipper« war bei Kriegsbeginn nicht voll einsatzbereit und so wurde es Mitte Februar 1940, bevor das Schiff auf seine erste Feindfahrt zum Skagerrak geschickt wurde, begleitet von der »Scharnhorst« und der »Gneisenau«.

Am überraschendsten und besonders beachtenswert ist die Leistung der technischen Abteilung des Schiffes, die den anfälligen Antrieb unter den widrigsten Umständen am Laufen hielt. Zuallererst war es notwendig herauszufinden, ob die Maschinen in der Lage waren, die Belastung auszuhalten. Obwohl es am häufigsten beschädigt war, erzielte das Schiff einige verblüffende Erfolge weit draußen auf dem Atlantik, wo es oft Handelsschiffe angriff. Die Kriegsbilanz des Schiffes war erstaunlich und beispielhaft, und so blieb es im Einsatz bis zu einem Luftangriff auf Kiel am 3. April 1945, nur wenige Tage vor Ende des Krieges.

Der Schwere Kreuzer »Admiral Hipper«, der ursprünglich einmal als Panzerschiff klassifiziert war. Deutschland schaffte es nie, die Hochdruckheißdampfmaschinen dieser Kreuzer richtig in den Griff zu bekommen, wodurch oft Seeoperationen beeinträchtigt wurden

Vereistes Vordeck samt Geschützen der »Admiral Hipper« im Jahr 1940 (Bild: World-War-Photos)

Das Wrack der »Admiral Hipper« 1945 im Kieler Hafen (Bild: Imperial War Museum)

Der Schwere Kreuzer »Admiral Hipper« in Norwegen (Bild: World-War-Photos)

»Blücher«

Die »Blücher« war in ihrer Konstruktion der »Admiral Hipper« ähnlich, aber ihr war nicht das lange Leben ihres Schwesterschiffs beschieden.

Der Kreuzer verließ Deutschland für seinen ersten operativen Kriegseinsatz im April 1940, um an der Invasion Norwegens teilzunehmen, und wurde am frühen Morgen des 9. Aprils von einer torpedobewaffneten Küstenbatterie versenkt, während es den Fjord passierte, der nach Oslo führte.

Schiffstyp	Schwere Kreuzer
Name	Admiral Hipper; Blücher
Bauwerft	AH = Blohm & Voss, Hamburg B = Deutsche Werke, Kiel
Stapellauf	AH= 6. Februar 1937; B= 8. Juni 1937
Indienststellung	AH= 29. April 1939; B= 20. September 1939
Deplacement	14.050 t std
Deplacement max.	18.200 t
Länge in der KWL	195 m
Länge maximal	205,9 m
Breite	22 m / 21,3 m
Tiefgang	7,2 m
Maschinenanlage	12 Kessel in 3 Gruppen mit Getriebeturbinen
Anzahl der Wellen	3
Gesamtleistung	132.000 WPS
Höchstgeschw.	32 kn
Marschgeschw	20 kn
Fahrbereich	6.800sm bei 20 kn
Panzerdeck	30 mm
Seitenpanzer	80 mm
Bewaffnung:	020mm - 28; 037mm - 12; 088mm - 00; 105mm - 12; 150mm - 00; 203mm - 08; 280mm - 00; 380mm - 00
Torpedorohre	12
Flugzeugkatapult	1
Flugzeuge	3
Besatzung	1.382 / 1.599

Schwerer Kreuzer »Blücher« 1939
(Bild: Deutsches Bundesarchiv)

Die bei der Durchfahrt durch den Oslofjord von Küstenbatterien beschossene »Blücher« brennt ...

... kentert und sinkt
(Bild: Norwegisches Nationalarchiv)

»Prinz Eugen«

Noch während sie im Bau war, wurde die »Prinz Eugen« während eines Luftangriffes auf die Germaniawerft in Kiel in der Nacht vom 1. auf den 2. Juli 1940 von einer Bombe getroffen. Einige Monate später wurde sie während einer Übung in der Ostsee durch eine Mine beschädigt. So dauerte es bis zum 18. Mai 1941, bevor die »Prinz Eugen« ihre erste Feindfahrt antrat. Diese entwickelte sich höchst dramatisch, denn der Kreuzer begleitete das Schlachtschiff »Bismarck« nach Norwegen und weiter durch die Dänemarkstraße, den Seeweg zwischen Island und Grönland. Dort wurden die beiden deutschen Schiffe von der Royal Navy entdeckt und es kam zum berühmten Kampf mit dem Schlachtkreuzer HMS »Hood«, welche auf dramatischste Weise sank und die meisten ihrer Besatzungsmitglieder in den Tod riss. Augenzeugenberichte deuten darauf hin, dass die ersten Schüsse auf die »Hood« in der Tat Artilleriegranaten von der »Prinz Eugen« waren. Nachdem sie sich von der »Bismarck« getrennt hatte, traf sie sich mit einem Versorgungsschiff, bevor sie in Brest an der französischen Atlantikküste einlief. Die »Prinz Eugen« hatte eine sehr dramatische Karriere und überstand den Krieg beinahe unbeschädigt. Das Schiff lag in Kopenhagen (Dänemark), als sie von den britischen Streitkräften übernommen und zuerst nach Wilhelmshaven, anschließend nach Bosten in den Vereinigten Staaten überführt wurde. Im Sommer 1946 wurde die »Prinz Eugen« bei den Atombombentests auf dem Bikini-Atoll beschädigt und

Der Schwere Kreuzer »Prinz Eugen«, benannt nach dem berühmten österreichischen Feldherrn aus der Zeit des großen Türkenkrieges, hatte seinen bekanntesten Einsatz an der Seite der »Bismarck« 1941.

später beim Kwajalein-Atoll versenkt. Einer der Propeller ist mittlerweile entfernt und zurück nach Kiel gebracht worden, wo er auf dem Gelände des Marineehrenmals in Laboe aufgestellt ist.

»Prinz Eugen« unterschied sich in ihrem Entwurf leicht von der »Hipper« und »Blücher«. Sie war mit Raum und zusätzlichen Fähigkeiten ausgestattet, um etwa 1000 Soldaten aufnehmen zu können, was es dem Schiff ermöglichte, als schweres Truppenschiff für schwierige Amphibienunternehmen zu fungieren. Allerdings wurde diese Rolle bereits verworfen, lange bevor das Schiff in den Einsatz kam, und es ist unwahrscheinlich, dass viele von den zusätzlichen Dienstleistungen jemals installiert worden sind.

Schiffstyp	Schwerer Kreuzer
Name	Prinz Eugen
Bauwerft	Germaniawerft, Kiel
Stapellauf	22. August 1938
Indienststellung	1. August 1940
Deplacement	16.970 t std
Deplacement max.	18.750 t
Länge in der KWL	199,5 m
Länge maximal	207,7 m
Breite	21,7 m
Tiefgang	7,2 m
Maschinenanlage	12 Kessel in 3 Gruppen mit Getriebeturbinen
Anzahl der Wellen	3
Gesamtleistung	132.000 WPS
Höchstgeschw.	32,2 kn
Marschgeschw	20 kn
Fahrbereich	6.800sm bei 20 kn
Panzerdeck	30 mm
Seitenpanzer	80 mm
Bewaffnung:	020mm - 28; 037mm - 12; 088mm - 00; 105mm - 12; 150mm - 00; 203mm - 08; 280mm - 00; 380mm - 00
Torpedorohre	12
Flugzeugkatapult	1
Flugzeuge	3
Besatzung	1.600

Die »Prinz Eugen« war das einzige schwere deutsche Kriegsschiff, das den Zweiten Weltkrieg überdauerte. Hier befindet sie sich 1946 im Panama-Kanal (Bild: US Navy)

10,5-cm-Flak des Schweren Kreuzers »Prinz Eugen«

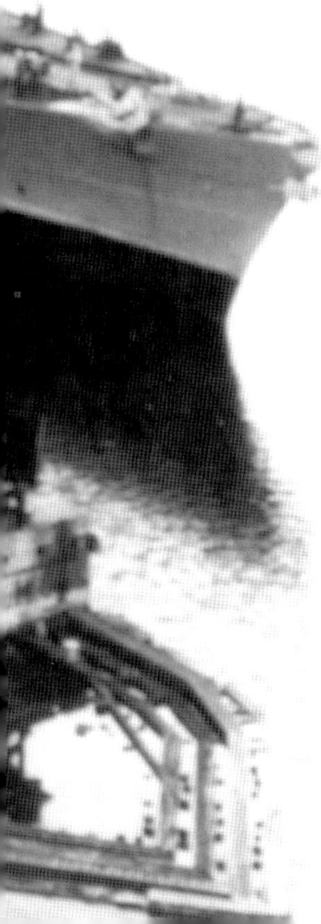

Die »Prinz Eugen« im Jahre 1941 im Kieler Hafen

4 Schwere Kreuzer

»Lützow« und »Seydlitz«

Die technischen Spezifikationen waren denen der »Prinz Eugen« sehr ähnlich. Beide Schiffe wurden 1937 bei der Deschimag AG »Weser«
in Bremen auf Kiel gelegt. Der Stapellauf der »Seydlitz« fand am 19. Januar 1939 statt, derjenige der »Lützow« am 1. Juli 1939. Die »Seydlitz« wurde 1942 zu einem Flugzeugträger umgebaut und noch kurz vor dem Krieg und
vor Beendigung dieses Umbaus in Königsberg versenkt. Der nicht fertiggestellte Rumpf der »Lützow« wurde 1940 nach Russland verkauft und nach Leningrad überführt, wo die Arbeit an ihm mit Hilfe deutscher Ingenieure weiterging.

Kreuzer »Lützow« 1940 während der
Überführung nach Leningrad

Schwerer Kreuzer »Lützow« (ex-Deutschland)
nach Torpedotreffer, April 1940
(Bild: Deutsches Bundesarchiv)

Der Schwere Kreuzer »Lützow« gehörte zur Admiral-Hipper-Klasse und war 1937 auf Kiel gelegt worden. Sein Stapellauf fand zwei Jahre später statt (Bild: World-War-Photos)

Der ehemalige deutsche Kreuzer »Lützow« im Jahr 1940 in sowjetischen Diensten

5

LEICHTE KREUZER

Leichter Kreuzer »Emden« auf der Fahrt nach Oslo, 8. April 1940 (Bild: Deutsches Bundesarchiv)

Der Leichte Kreuzer »Emden« war das erste Großschiff, das nach dem Ersten Weltkrieg gebaut worden ist. Einer der Hauptgründe dafür war zu testen, ob sowohl die Marineschiffswerft in Wilhelmshaven als auch die sie unterstützende Schwerindustrie so einen komplizierten Auftrag ausführen konnten. Man muss in Erinnerung behalten, dass der Großteil des schweren Maschinenparks, die meisten Pläne und viele Spezialisten von den Alliierten mitgenommen worden waren und dies für die neue Reichswehr und auch für den Großteil der deutschen Industrie die Stunde Null war. Obendrein hatte der Erste Weltkrieg so viele Produktionsmittel außer Landes getragen, dass Deutschland einen Mangel an ausgebildeten Fachkräften hatte, die für so komplizierte Arbeiten aber notwendig waren. Als das Projekt begonnen wurde, schien es unwahrscheinlich, dass die Geschützhersteller die notwendigen Mengen in guter Qualität für ein schlagkräftiges Kriegsschiff liefern konnten. Darum musste die Reichsmarine ihre Anforderungen begrenzen und installierte auf ihrem ersten Leichten Kreuzer acht Einzellafetten mit Schilden.

Leichte Kreuzer sollten ursprünglich die Augen und Ohren für Schlachtschiffe sein. Wahrscheinlich deshalb wurden sie auf Positionen eingesetzt, wo sie gezwungen und in der Lage waren, mit Hilfe ihrer hohen Geschwindigkeit der überlegenen gegnerischen Feuerkraft zu entkommen. Auch beim Aufeinandertreffen mit kleineren Schiffen, die über Torpedo-Bewaffnung verfügten, etwa Zerstörer, war es ratsam, außerhalb der Reichweite dieser Waffen zu bleiben, und oftmals war die beste Handlungsoption, ihnen das Heck zuzuwenden.

Das bedeutete, dass die stärkere Bewaffnung auf dem Achterschiff aufgestellt war. Hier war der Schiffskörper beinahe rechteckig, sodass die Hauptbewaffnung außerhalb der Mittschiffslinie positioniert werden konnte, um den Geschützen den größtmöglichen Schusswinkel zum Schießen nach vorne zu geben.

Von dem Konzept der kleinen Kreuzer gab es verschiedene Varianten. Obwohl niemals gebaut, war die deutsche Kriegsmarine im Begriff, sich mit einer Reihe von spezialisierten Spähkreuzern zu versehen sowie mit einer Langstreckenvariante, genannt Überseekreuzer. Zusätzlich sollte eine Auswahl unterschiedlicher Antriebssysteme installiert werden, weil man dachte, die Größe wäre ideal, um sowohl schnelle Turbinen als auch wirtschaftliche Dieselmotoren für ökonomisches Kreuzen bereitstellen zu können. Später verwies der ökonomische Aspekt des Dieselantriebs die Aufmerksamkeit der Planer zurück an die Hilfskreuzer. Sie suchten nach Wegen, ein Versorgungsschiff mit gleicher Leistung anbieten zu können, das einen Langstrecken- oder Überseekreuzer in eine einsamen Jäger verwandelte, aber solche Ideen wurden niemals realisiert.

Das erste größere Kriegsschiff nach dem Ersten Weltkrieg war der Leichte Kreuzer »Emden«, hier zu sehen mit dem Eisernen Kreuz am Bug, das an die alte »Emden« der kaiserlichen Marine erinnert; ihr hatte der Kaiser das Eiserne Kreuz verliehen.

»Emden«

Obwohl die »Emden« das erste Schiff war, bei dem die Panzerung geschweißt wurde, waren die Geschütze und deren Panzerung so kümmerlich, dass das Schiff kaum in der Lage war, dort eingesetzt zu werden, wo auch nur leichter Widerstand zu erwarten war. Vor dem Krieg wurde das Schiff zur Ausbildung von Kadetten verwendet und verbrachte deshalb viel Zeit in fremden Gewässern. Die »Emden« hielt sich ausgesprochen gut, sogar in schweren tropischen Stürmen, und war in engem Fahrwasser leicht zu manövrieren. Die Hauptbewaffnung war nicht nur sehr schwach, sondern es gab auch keinen Platz, um eine ernstzunehmende Kollektion an Fla-Geschützen hinzuzufügen, was bedeutete, dass das Schiff während des Krieges nur für wenige eingeschränkte Aufgaben eingesetzt werden konnte. Dennoch diente es als Minenleger und Ausbildungsschiff und sah sich einigen unerwarteten heftigen Situationen ausgesetzt.

Die »Emden« wurde bei Luftangriffen auf Kiel gegen Kriegsende schwer beschädigt, schließlich in der Heikendorfer Bucht auf Grund gesetzt und von seiner eigenen Besatzung gesprengt, wenige Tage, bevor britische Truppen dort angelangten.

Schiffstyp	Leichter Kreuzer
Name	Emden
Bauwerft	Marinewerft, Wilhelmshaven
Stapellauf	7. Januar 1925
Indienststellung	15. Oktober 1925
Deplacement	5.500 t std
Deplacement max.	6.990 t
Länge in der KWL	150,5 m
Länge maximal	155,1 m
Breite	14,2 m
Tiefgang	5,93 m
Maschinenanlage	10 Kessel mit Getriebeturbinen
Anzahl der Wellen	2
Gesamtleistung	46.500 WPS
Höchstgeschw.	29,4 kn
Marschgeschw	18 kn
Fahrbereich	5.200sm bei 18 kn
Panzerdeck	20 mm
Seitenpanzer	80 mm
Bewaffnung:	020mm - 00; 037mm - 04; 088mm - 03; 105mm - 00; 150mm - 08
Torpedorohre	4
Flugzeugkatapult	0
Flugzeuge	0
Besatzung	630

Der Leichte Kreuzer Emden läuft am 14. Dezember 1929 in Wilhelmshaven ein (Bild: Deutsches Bundesarchiv)

Die »Emden« im Einsatz auf hoher See.

Der Leichte Kreuzer »Emden« im Jahr 1937 im Hafen (Bild: World-War-Photos)

linke Seite: Der Leichte Kreuzer »Emden« auf hoher See (Bild: World-War-Photos)

Die »Emden« im Jahr 1936 in Honolulu, Hawai (Bild: World-War-Photos)

»Karlsruhe«, »Königsberg« und »Köln«

Die »Karlsruhe« wurde bis 1938 hauptsächlich zur Ausbildung von Kadetten verwendet, dann wurde sie einem vollständigen Umbau unterzogen. Dieser erhöhte ihr Gewicht und hatte zur Folge, dass es weniger Freibord als zuvor gab. Auch die Geschwindigkeit wurde um ungefähr zwei Knoten reduziert. Außerdem war das Schiff durch den Umbau nicht vor dem Frühjahr 1940 einsatzbereit, als die »Karlsruhe« an der Invasion Norwegens teilnahm. Versenkt wurde sie durch das deutsche Torpedoboot »Greif«, nachdem sie durch Torpedos des U-Boots HMS »Trident« am 9. April schwer beschädigt worden war.

Die »Königsberg« diente vor dem Krieg als Artillerieschulschiff. Auf ihr war eine der ersten funktionierenden Funkmessanlagen installiert, wie Radar im deutschen Sprachgebrauch damals hieß. Diese empfindliche Ausrüstung befand sich auf dem Dach des vorderen Turms, wo die heftigen Vibrationen der ersten Salve es für gewöhnlich beschädigten. Diese Unzuverlässigkeit wurde dann als Argument benutzt, um die Überlegenheit der existierenden optischen Entfernungsmesser über das neue Funkmessgerät hervorzuheben. Dennoch konnte die »Königsberg« gerade wegen dieses DT-Geräts auch im dicksten Nebel ihre Heimatbasis Wilhelmshaven ansteuern und wieder verlassen. Die Anfangsbuchstaben bedeuteten »Dezimeter-Telegraphie«, aber diejenigen, die mit den technischen Details nicht vertraut waren, nannten es »Drehturmgerät«, weil es unabhängig von dem Sockel, auf den es montiert war, gedreht werden konnte.

Die »Königsberg« sah ihre letzten Tage während der Invasion Norwegens. Sie wurde von britischen Flugzeugen am 10. April versenkt.

Die »Köln« bot sich der Gegenseite bei zahlreichen Gelegenheiten als Ziel an. Sie bewies die Robustheit ihrer Konstruktion durch ihren Einsatz in der Zeit bis Februar 1943, während der sie sich im Mittelpunkt des Geschehens befand, danach wurde sie außer Dienst gestellt.

Erst im September 1944 kam sie wieder zum Einsatz und diente nun als Flagschiff für den Führer der Zerstörer. Später wurde sie aufgrund eines Bombenangriffs auf Oslo (Norwegen) wieder außer Dienst gestellt, kehrte aber wenige Wochen vor Kriegsende nach Wilhelmshaven zurück, wo sie in flachem Wasser durch einen Luftangriff versenkt wurde.

Das Hauptdeck und die schwere Artillerie blieben funktionsfähig und die Geschütze wurden dazu benutzt, den Ansturm alliierter Truppen gegen Kriegsende zu verlangsamen.

Der leichte Kreuzer »Karlsruhe« im Hafen mit Blick auf den hinteren Geschützturm.

Schiffstyp	Leichter Kreuzer
Name	Karlsruhe
Bauwerft	Deutsche Werke, Kiel
Stapellauf	20. August 1927
Indienststellung	6. November 1929
Deplacement	6.000 t std / nach Umbau 6.730 t
Deplacement max.	7.700 t / nach Umbau 8.350 t
Länge in der KWL	169 m
Länge maximal	174 m
Breite	15,2 m / nach Umbau 16,8 m
Tiefgang	6,28 m
Maschinenanlage	2 Kesselgruppen mit Getriebeturbinen und 2 x 10 Zylinder Diesel
Anzahl der Wellen	2
Gesamtleistung	6.8000 WPS + 1.800 PSe
Höchstgeschw.	32,1 kn
Marschgeschw	19 kn
Fahrbereich	5.700sm bei 19 kn
Panzerdeck	40 mm
Seitenpanzer	50 mm
Bewaffnung:	020mm - 0; 037mm - 8 Doppellafetten; 088mm - 6 Doppellafetten; 105mm - 0; 150mm - 9
Torpedorohre	12
Flugzeugkatapult	1
Flugzeuge	2
Besatzung	850

Die »Karlsruhe« war schon das dritte Schiff mit diesem Namen

5 Leichte Kreuzer

Der Leichte Kreuzer »Emden« 1935 in Vancouver, Kanada

Die »Königsberg« präsentiert hier das gefällige Aussehen eines Leichten Kreuzers. Dies ist insofern ein interessantes Schiff, da es vor dem Kriege der Artillerieausbildung diente und damals eines der ersten Funkmessgeräte auf der Decke des vorderen Turms führte

5 Leichte Kreuzer

Oben: Ein großartiger Anblick des leichten Kreuzers »Köln« im Kaiser-Wilhelm-Kanal.
Katapult und 2 Flugzeuge kamen 1937 von Bord.
1939/40 Erprobung eines Flettner- Hubschraubers Fl 265 mit Landeplattform auf Turm 3

Stapellauf des Leichten Kreuzers »Köln« in Wilhelmshaven am 23. Mai 1928 (Bild: Bundesarchiv, 102-05948, CC-BY-SA-3.0)

5 Leichte Kreuzer

Schiffstyp	Leichte Kreuzer
Name	Königsberg; Köln
Bauwerft	Marinewerft, Wilhelmshaven
Stapellauf	Kg = 26. März 1927; Kn = 23. Mai 1928
Indienststellung	Kg = 17. April 1929; Kn = 15. Januar 1930
Deplacement	6.750 t std
Deplacement max.	7.700 t
Länge in der KWL	169 m
Länge maximal	174 m
Breite	15,2 m
Tiefgang	6,28 m
Maschinenanlage	2 Kesselgruppen mit Getriebeturbinen und 2 x 10 Zylinder Diesel
Anzahl der Wellen	2
Gesamtleistung	6.848 WPS + 1.800 WPS
Höchstgeschw.	32,5 kn
Marschgeschw	19 kn
Fahrbereich	5.700sm bei 19 kn
Panzerdeck	40 mm
Seitenpanzer	50 mm
Bewaffnung:	020mm - 8 bzw. 18; 037mm - 8 Doppellafetten; 088mm - 6 Doppellafetten; 105mm - 0; 150mm - 9
Torpedorohre	12
Flugzeugkatapult	1
Flugzeuge	2
Besatzung	820 – 850

Der Leichte Kreuzer »Köln«, Stapellauf 1928, Indienststellung Anfang 1930 (Bild: US Navy)

Nahaufnahme der Geschütze des Leichten Kreuzers »Königsberg«

Der Leichte Kreuzer »Königsberg« mit angetretener Mannschaft auf dem Vordeck im Jahr 1936

»Leipzig« und »Nürnberg«

Auch die Planungen für die »Leipzig«, die bereits 1927 begonnen hatten, beinhalteten Einrichtungen zur Aufnahme von 120 Minen. Zuerst war nur eine Besatzung von ungefähr 550 vorgesehen, wurde später aber auf 850 erhöht. Die Vergrößerung des Wohnraums war das Ergebnis eines schwerwiegenden Torpedotreffers durch das U-Boot HMS »Salmon« am 13. Dezember 1939. Die »Leipzig« wurde im darauffolgenden Februar außer Dienst gestellt und zwei zerstörte Kessel mussten entfernt werden, sodass der Raum umgerüstet werden konnte mit Ausbildungseinrichtungen für Kadetten. Das Fehlen der Kessel verringerte die Spitzengeschwindigkeit auf weniger als 24 Knoten. Die »Leipzig« wurde im Dezember 1940 wieder in Dienst gestellt und blieb bis zum 15. Oktober 1944 im Einsatz, als sie beinahe vom Schweren Kreuzer »Prinz Eugen« in zwei Hälften geteilt wurde, der sie im rechten Winkel rammte. Die beiden Schiffe blieben lange genug ineinander verkeilt, um reichlich Fotos schießen zu können. Dies geschah bei schlechter Sicht und starkem Wind, kurz nachdem die »Leipzig« Gotenhafen verlassen hatte. Nachdem sie erst einmal den Hafen hinter sich gelassen hatte, stoppte das Schiff, um die Turbinen an den äußeren Wellen auszuschalten und stattdessen die Dieselmotoren anzuwerfen, die den mittleren Propeller antrieben. Das dauerte ungefähr eine halbe Stunde, während der die »Leipzig« in den Kurs der sich nähernden »Prinz Eugen« abdriftete. Nach dem Krieg wurde das teilweise reparierte Schiff von den siegreichen Alliierten mit Gift- und Gaskanistern beladen und in der Nordsee versenkt, wo nun möglicherweise eine ökologische Katastrophe von ungeheurem Ausmaß droht.

Die »Nürnberg« wurde am 2. November 1935 in Dienst gestellt und war bis zum Sommer 1940 im Einsatz, als sie von Norwegen zurückgerufen wurde und sich wieder in heimische Gewässer einfand. Später kehrte sie erneut nach Norwegen zurück, fand sich gegen Kriegsende aber wieder in Wilhelmshaven ein. Dort wurde sie den Sowjets übergeben. 1946 half eine deutsche Besatzung dabei, das Schiff nach Libau zu überführen, wo sie in »Admiral Makarow« umbenannt und in den Dienst der sowjetischen Marine gestellt wurde.

Das Heck des Leichten Kreuzers »Leipzig« mit einem seltenen Blick auf die 88-mm-Doppelgeschütz-Kanonen hinter Turm B in der Lücke zum achteren Deckshaus

Seitlicher Blick auf das Heck der »Leipzig« von einem anderen Kriegsschiff aus im Jahr 1934

Stapellauf der »Leipzig« am 18. Oktober 1929 in Wilhelmshaven (Bild: World-War-Photos)

Der Leichte Kreuzer »Leipzig« blieb bis 1944 im Dienst

Schiffstyp	Leichter Kreuzer
Name	Leipzig
Bauwerft	Marinewerft, Wilhelmshaven
Stapellauf	18. Oktober 1929
Indienststellung	8. Oktober 1931
Deplacement	6.820 t std
Deplacement max.	8.100 t
Länge in der KWL	165,8 m
Länge maximal	177 m
Breite	16,3 m
Tiefgang	5,69 m
Maschinenanlage	2 Kesselgruppen mit Getriebeturbinen auf den äußeren Wellen und 4 x 7 Zyl.Diesel auf der Mittelwelle
Anzahl der Wellen	3
Gesamtleistung	60.000 WPS / 12.400 WPS
Höchstgeschw.	31,9 kn
Marschgeschw	19 kn
Fahrbereich	5.700 sm
Panzerdeck	20-25 mm
Seitenpanzer	50 mm
Bewaffnung:	020mm - 10; 037mm - 08; 088mm - 06; 105mm - 00; 150mm - 09
Torpedorohre	12
Flugzeugkatapult	1
Flugzeuge	2
Besatzung	850

Schiffstyp	Leichter Kreuzer
Name	Nürnberg
Bauwerft	Deutsche Werke, Kiel
Stapellauf	8. Dezember 1934
Indienststellung	2. November 1935
Deplacement	6.520 t
Deplacement max.	8.380 t
Länge in der KWL	170 m
Länge maximal	181 m
Breite	16,4 m
Tiefgang	5,7 m
Maschinenanlage	2 Kesselgruppen mit Getriebeturbinen auf den äußeren Wellen und 4 x 7 Zyl. Diesel auf der Mittelwelle
Anzahl der Wellen	3
Gesamtleistung	60.000 WPS + 12.400 WPS
Höchstgeschw.	32,3 kn
Marschgeschw	19 kn
Fahrbereich	5.700 sm
Panzerdeck	20-25 mm
Seitenpanzer	50 mm
Bewaffnung:	020mm - 4; 037mm - 8; 088mm - 6; 105mm - 0; 150mm - 9
Torpedorohre	12
Flugzeugkatapult	1
Flugzeuge	2
Besatzung	896

Leichter Kreuzer »Nürnberg«

Links: Vorderer Geschützturm des Leichten Kreuzers »Nürnberg« (1940) (Bild: Deutsches Bundesarchiv)

5 Leichte Kreuzer

Der Leichte Kreuzer »Leipzig« (Bild: World-War-Photos)

Der Leichte Kreuzer »Nürnberg«
nach dem Krieg 1946 (Bild: Imperial War Museum)

Der Leichte Kreuzer »Nürnberg« 1938 im Hafen
(Bild: National Museum of the US Navy)

DIVISION OF NAVAL INTELLIGENCE
Identification and Characteristics Section
JUNE, 1943
RESTRICTED
NUERNBERG
Germany - C

FLUGZEUGTRÄGER

»Graf Zeppelin«

Der Flugzeugträger »Graf Zeppelin« wurde 1937 auf Kiel gelegt und lief bei den Deutschen Werken in Kiel am 8. Dezember 1938 vom Stapel. 1940 wurde der Bau gestoppt, 1942 dann aber fortgesetzt. Der unvollständige Rumpf wurde kurz vor Ende des Kriegs verschrottet, von den sowjetischen Behörden abgewrackt und sank in Stettin, wurde im März 1946 von der UdSSR gehoben und nach Leningrad gebracht. Ein weiterer Flugzeugträger mit der Bezeichnung »B« wurde bei der Germaniawerft in Kiel 1938 auf Kiel gelegt und 1940 verschrottet, während er sich noch auf der Werft befand.

Schiffstyp	Flugzeugträger
Name	Graf Zeppelin
Bauwerft	Deutsche Werke, Kiel
Indienststellung	1937 – nicht fertiggestellt
Deplacement	23.200 t std
Deplacement max.	32.350 t
Länge in der KWL	250 m
Länge maximal	262,5 m
Breite	36,2 m
Tiefgang	8,5 m
Maschinenanlage	16 La Mont Kessel mit BBC-Getriebeturbinen
Anzahl der Wellen	4
Gesamtleistung	200.000 WPS
Höchstgeschw.	34 kn
Marschgeschw	19 kn
Fahrbereich	8.000 sm bei 19 kn
Bewaffnung:	020mm - 28 037mm - 22 105mm - 12; 150mm - 16
Besatzung	1.760 ohne Flugzeupersonal

Der Stapellauf des Flugzeugträgers »Graf Zeppelin« bei den Deutschen Werken in Kiel am 8. Dezember 1938. Er wurde niemals ganz fertiggestellt

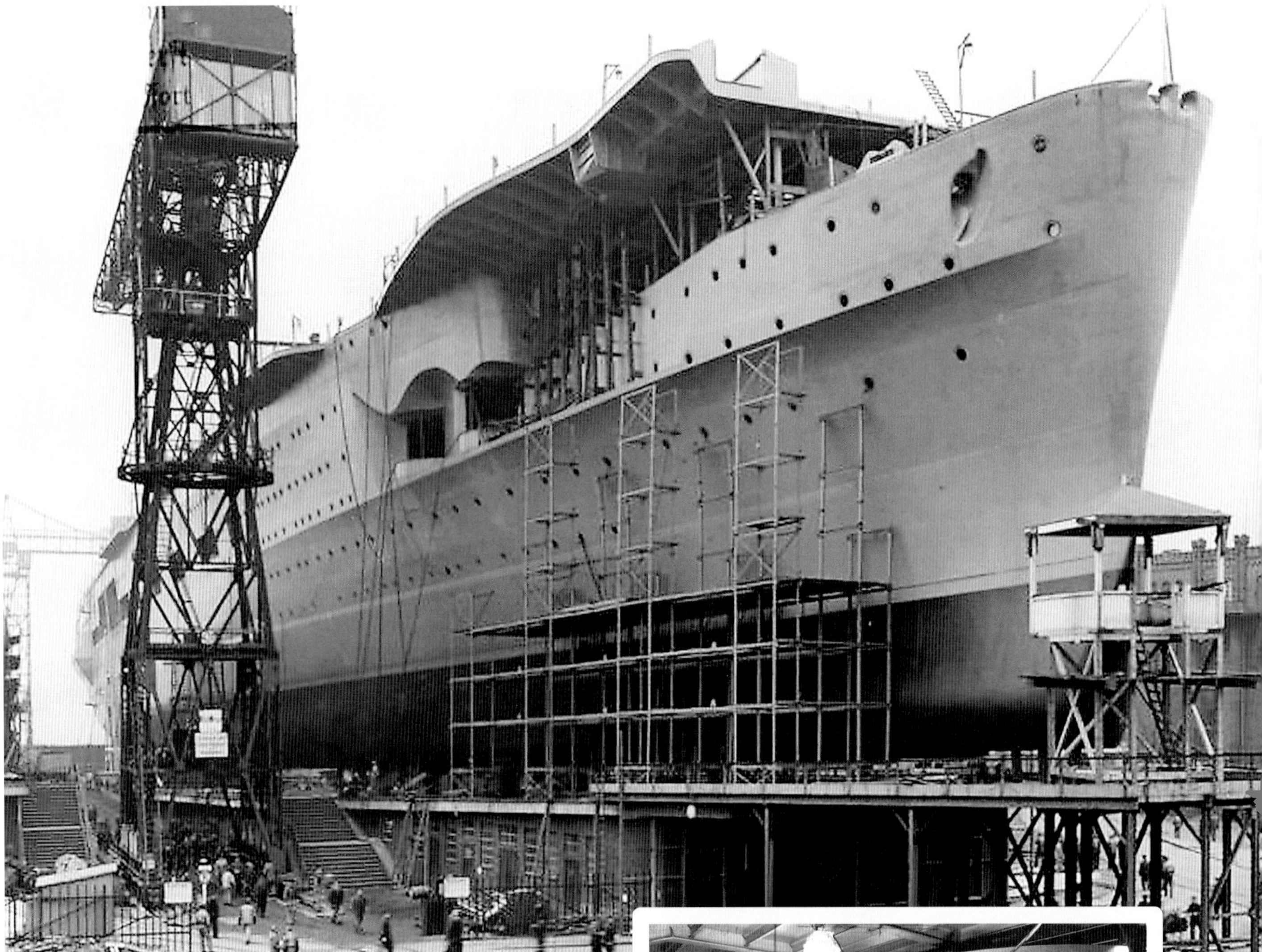

Oben: Steuerbordseite mit Tribüne für Taufe. 25. November 1938 (Bild: Deutsches Bundesarchiv)

Der vordere Geschützstand der »Graf Zeppelin« (Bild: Bundesarchiv, Bild 49, CC-BY-SA-3.0)

Stapellauf der »Graf Zeppelin«
am 8. Dezember 1938
(Bild: World-War-Photos)

Unten: Heckansicht, Steuerbordseite. 25.
November 1938 (Bild: Deutsches Bundesarchiv)

Bugansicht mit Tribüne für Feier zur Taufe.
25. November 1938 (Bild: Deutsches Bundesarchiv)

Unten: Heckansicht mit Flugdeck.
28. November 1938 (Bild: Deutsches Bundesarchiv)

Graf Zeppelin

Stapellauf, rechts Zuschauertribünen. 8. Dezember 1938 (Bild: Deutsches Bundesarchiv)

»Graf Zeppelin« Stapellauf.8. Dezember 1938 (Bild: Deutsches Bundesarchiv)

Die »Graf Zeppelin« am 6. Februar 1942 in Gotenhafen (Bild: World-War-Photos)

Oben: Im Schlepp zum Ausrüstungskai. 9. Dezember 1938 (Bild: Deutsches Bundesarchiv)

Der unfertige Flugzeugträger »Graf Zeppelin« nach dem erfolgten Stapellauf am 8. Dezember 1938 (Bild: US Navy)

Unten: Steuerbordseite. 20. Juni 1939 (Bild: Deutsches Bundesarchiv)

ZERSTÖRER

Zerstörer hatten ihren Ursprung in den letzten Jahren des 19. Jahrhunderts, als sie noch »Torpedobootzerstörer« genannt wurden. Während des Ersten Weltkriegs hat man sie auch für die U-Bootjagd, als Begleitung für Konvois, als Schutz für große, schwerfällige Kriegsschiffe und zum Minenlegen eingesetzt. Das schnelle Wachstum ihrer Bootskörper auf über 1000 Tonnen resultierte mehr von den Waffen an Bord der Schiffe, als von den Maschinen im Innern. Der Antrieb, mit dem man diese Schiffe ausstattete, spielte sicherlich eine entscheidende Rolle dabei, aus diesen Schiffen einen wendigen und höchst anpassungsfähigen Schiffstyp zu machen.
Interessanterweise kamen diese Schiffe in der entscheidenden Zeit auf, als Öl befeuerte Dampfturbinen dabei waren, erheblich in den maritimen Markt einzudringen. Zerstörer waren unter den ersten, die mit diesem innovativen neuen Antriebsaggregat ausgerüstet wurden. Man glaubte, sie damit schnell gemacht zu haben, und Kalkulationen legten nahe, dass ihre geringe Größe ihnen eine beeindruckende Reichweite ermöglichte.
Schiffsbauingenieure in Deutschland mochten diese Schiffsgröße genauso wenig wie deren Gegenstücke aus anderen Ländern und tendierten dazu, sich mehr auf große Torpedoboote zu konzentrieren. Deshalb erschienen neue Zerstörer nur langsam auf der Bildfläche.
Als jedoch der Zweite Weltkrieg ausbrach, hatten die Zerstörer eine wichtige Rolle übernommen. Eines ihrer Aufgabengebiete, für das sie im ersten Kriegswinter eingesetzt wurden, war das Minenlegen vor britischen Häfen.
So weit wie möglich schrieb das Propagandasystem diese Aktivitäten den U-Booten zu, um zu verhindern, dass die Royal Navy zu misstrauisch gegenüber Oberwasserschiffen wurde, die nah an die englische Küste kamen. Für deutsche Zerstörer war ursprünglich eine beeindruckende Bewaffnung vorgesehen, die aber modifiziert werden musste, weil die größte Bedrohung nicht von der Wasseroberfläche, sondern aus der Luft kam. Des-halb mussten sie mit besseren Fla-Geschützen ausgerüstet werden. Dies stellte kleine Schiffe vor große Herausforderungen, denn sie hatten nicht die Größe, um entlang der Steuerbord- und der Backbordseite Fla-Geschütze einzubauen. Stattdessen konzentrierte sich die Flak mehr zur Mitte des Schiffskörpers hin, um nach allen Seiten feuern zu können. Dies führte dazu, dass einige Zerstörer in der Hitze des Gefechts ihre Antennenanlage verloren, doch ihre Geschwindigkeit und Manövrierfähigkeit zusammen machten aus ihnen schwierige Ziele für den Gegner. Die ersten ernsthaften Verluste in dieser Zeit gingen nicht auf die Royal Air Force zurück, sondern auf die deutsche Luftwaffe, welche ein Geschwader von Zerstörern der Kriegsmarine in der Deutschen Bucht angriff. Ausweichmaßnahmen ließen die Schiffe in ihr eigenes Minenfeld laufen, was zum Verlust der Z 1 (Leberecht Maass) und der Z 3 (Max Schultz) führte.

Diese Fotografie, aufgenommen in Norwegen, zeigt, wie effektiv Tarnfarbe sein kann. Entdecken Sie den anderen Zerstörer im Hintergrund, der in einigem Abstand von Steuerbord querab der Z 24 läuft, von der aus dieses Bild geschossen wurde?

Zerstörer Typ 1934 (Z 1–Z 16)

Nach dem Ende des Ersten Weltkriegs hatte niemand eine praktische Lösung, wie man die Anforderungen an einen Zerstörer in den kümmerlichen 800 Tonnen unterbringen konnte, die der Versailler Friedensvertrag nur erlaubte. Aus diesem Grund wurde diese Schiffsklasse bis ein oder zwei Jahre vor Hitlers Machtergreifung 1933 sehr vernachlässigt. Selbst dann konnten die Planer keinen Weg finden, all die Erfordernisse in solch einen kleinen Bootskörper zu quetschen, und sehr schnell war klar, dass man mindestens die doppelte Größe benötigte. Was am Ende herauskam, war ein Schiff, das sehr stark einem großen Torpedoboot ähnelte, aber einen speziell entwickelten Kanonentyp von 127 mm besaß. Das große Problem dieser neuen Schiffe war ihr Hauptantrieb: Hochdruckheißdampfturbinen. Der Gedanke dahinter war, die Leistung der Turbinen dadurch zu verbessern, indem man den Druck erhöhte. Dies mag auf dem Reißbrett gut ausgesehen haben, aber resultierte in peinlichen Ausfällen auf See. Es war sehr schwierig, extrem heiße Rohrleitungen, die unter hohem Druck standen, auf beengtem Raum zu reparieren. Das stellte das technische Personal vor eine beträchtliche

Herausforderung. Das Hauptproblem, soweit es den Schiffskörper betraf, war, dass die großen Bugwellen, die bei hoher Geschwindigkeit entstanden, oft direkt über die Brücke schwappten, wodurch beträchtliche Umbauten an Schiffskörper und Maschinenanlage notwendig wurden: insgesamt gutes Seeverhalten. Auch die Artillerie hatte ein Gewichtsproblem. Verschiedene Varianten wurden ausprobiert, um das bestmöglichste Ergebnis zu erhalten.

Schiffstyp	Zerstörer 1934
Name	Z1 – Z4
Bauwerft	Deutsche Werke, Kiel
Bauzeit	1934–1937
Indienststellung	Januar–Mai 1937
Deplacement	2.223 t std
Deplacement max.	3.156 t
Länge in der KWL	114 m
Länge maximal	120 m
Breite	11,3 m
Tiefgang	4,23 m
Maschinenanlage	6 Kessel mit Getriebeturbinen
Anzahl der Wellen	2
Gesamtleistung	70.000 WPS
Höchstgeschw.	38,7 kn
Marschgeschw	19 kn
Fahrbereich	1.825 sm bei 19 kn
Bewaffnung:	020mm - 8; 037mm - 4-14; 127mm - 5; 150mm - 0
Torpedorohre	8
Minen	60
Besatzung	325

Der Zerstörer »Bruno Heinemann« (Z 8). Die große taktische Nummer (61) auf der Seite blieb auf manchen Schiffen bis zum November 1939, dann wurde sie endgültig entfernt

Schiffstyp	Zerstörer 1934
Name	Z5 – Z8
Bauwerft	Deschimag AG Weser, Bremen
Bauzeit	1935–1938
Indienststellung	Juni 1937–Januar 1938
Deplacement	2.171 t std
Deplacement max.	3.110 t
Länge in der KWL	114 m
Länge maximal	120 m
Breite	11,3 m
Tiefgang	4,23 m
Maschinenanlage	6 Kessel mit Getriebeturbinen
Anzahl der Wellen	2
Gesamtleistung	70.000 WPS
Höchstgeschw.	38,7 kn
Marschgeschw	19 kn
Fahrbereich	1.825 sm bei 19 kn
Bewaffnung:	020mm - 8; 037mm - 4-14; 127mm - 5; 150mm - 0
Torpedorohre	8
Minen	60
Besatzung	325

Schiffstyp	Zerstörer 1934
Name	a.: Z09 – Z13; b.: Z14 – Z16
Bauwerft	a.: Germaniawerft, Kiel; b.: Blohm & Voss, Hamburg
Bauzeit	1935–1938
Indienststellung	a.: Juli 1938–August 1939 b.: April–August 1938
Deplacement	2.270 t; Z14 - Z16 (31 Tonnen kleiner)
Deplacement max.	3.190 t bzw. 3.165 t
Länge in der KWL	119 m
Länge maximal	120 m
Breite	11,3 m
Tiefgang	4,3
Maschinenanlage	6 Kessel mit Getriebeturbinen
Anzahl der Wellen	2
Gesamtleistung	70.000 WPS
Höchstgeschw.	38,7 kn
Marschgeschw	19 kn
Fahrbereich	1.825 sm bei 19 kn
Bewaffnung:	020mm - 8; 037mm - 4-14; 127mm - 5; 150mm - 0
Torpedorohre	8
Minen	60
Besatzung	325

Zerstörer Z 2
»Georg Thiele«
(Bild: World-War-Photos)

Zerstörer Z 6
»Theodor Riedel« 1939
(Bild: National Museum
of the US Navy)

THEODOR RIEDEL
Germany - DD
(MAASZ Class)
(1939)
22

Zerstörer Typ 1936 (Z 17–Z 22)

Die erste deutliche Verbesserung bestand darin, die Schiffe so zu konstruieren, dass sie effektiver durchs Wasser glitten und die Ausfälle wegen der Hochdruckheißdampfturbinen zu verhindern. Die Kriegsmarine stellte eine Untersuchungskommission aus Experten zusammen, um diesen Problemen nachzugehen, aber trotz dieser Anstrengungen wurden die Fehler niemals ausgemerzt. Während diese Pläne geschmiedet wurden, experimentierte die Kriegsmarine auch mit einem neuen Geschütztyp mit einem Kaliber von 150 mm anstelle der früheren 127 mm. Die Industrie produzierte sogar eine Doppel-
turm-Version, aber sie erwies sich als viel zu schwer für die vergleichsweise kleinen Bootskörper und man kehrte bei der Bewaffnung wieder zu den ursprünglichen 127 mm zurück. Zu der Zeit, als diese Pläne angefertigt wurden, machten sich gerade auch Schiffsdieselmotoren einen ausreichend guten

Der Zerstörer Z 18 mit dem Namen »Hans Lüdemann«. Groß zu sehen ist die taktische Nummer 53 auf der Rumpfseite, die kurz nach Kriegsbeginn wieder entfernt wurde. (Bild Wolfgang Fuchs)

Namen, um in ihnen eine bessere Energiequelle zu sehen als in den katastrophalen Hochdruckheißdampfturbinen. Die große Enttäuschung mit diesem verbesserten Typ von Turbinen kam während der ersten Belastung auf See, die zeigte, dass die maximale Reichweite nur bis 2050 sm ging, weniger als errechnet.

Nur sehr wenig am Originalentwurf erwies sich als auch nur ein bisschen zufriedenstellend. An allen Zerstörern wurden deshalb viele Umbauten vorgenommen. Das garantiert, dass jeder, der alte Fotos von ihnen anschaut, sehr wahrscheinlich auf eine Vielzahl von Variationen und Ungereimtheiten stößt, was ein solches Studium manchmal sehr frustrierend macht. Doch trotz ihrer mechanischen Probleme wurden Zerstörer zu unglaublichen Arbeitspferden und die Kriegsmarine setzte sie auf fast allen Kriegsschauplätzen ein, auf denen sie operierte. Obwohl sie schwere Verluste erlitten, erzielten sie dennoch einige bemerkenswerte Erfolge.

Eine Anzahl von ihnen überstand sogar den Krieg, nur um dann abgewrackt zu werden. Einige wenige von ihnen, darunter Z 20, Z 25, Z 30 und Z 33 befanden sich in genügend gutem Zustand, um von ausländischen Marinen nach Kriegsende weiter benutzt zu werden.

Zerstörer Z 7 »Hermann Schömann«
(Bild: World-War-Photos)

Die Zerstörer Z12 und Z13 nebeneinander
in der Krupp-Germania-Werft in Kiel
(Bild: CC-BY-SA-3.0-DE)

Schiffstyp	Zerstörer 1936
Name	Z17 – Z22
Bauwerft	Deschimag AG Weser, Bremen
Bauzeit	1936–1939
Indienststellung	August 1938–September 1939
Deplacement	2.411 t
Deplacement max.	3.415 t
Länge in der KWL	120 m
Länge maximal	125 m
Breite	11,8 m
Tiefgang	4,5 m
Maschinenanlage	6 Kessel mit Getriebeturbinen
Anzahl der Wellen	2
Gesamtleistung	70.000 WPS
Höchstgeschw.	38,5 kn
Marschgeschw	19 kn
Fahrbereich	2.050 sm bei 19 kn
Bewaffnung:	020mm - 7; 037mm - 4; 127mm - 5; 150mm - 0
Torpedorohre	8
Minen	60
Besatzung	323

Schiffstyp	Zerstörer 1936A
Name	Z23 & Z24
Bauwerft	Deschimag AG Weser, Bremen
Bauzeit	1938–1940
Indienststellung	1940
Deplacement	2.603 t
Deplacement max.	3.605 t
Länge in der KWL	121,9 m
Länge maximal	127 m
Breite	12 m
Tiefgang	4,65 m
Maschinenanlage	6 Kessel mit Getriebeturbinen
Anzahl der Wellen	2
Gesamtleistung	70.000 WPS
Höchstgeschw.	37,5 kn
Marschgeschw	19 kn
Fahrbereich	2.500 sm bei 19 kn
Bewaffnung:	020mm - 14; 037mm - 4; 127mm - 0; 150mm - 5
Torpedorohre	8
Minen	60
Besatzung	332

Schiffstyp	Zerstörer 1936A
Name	Z25 – Z27
Bauwerft	Deschimag AG Weser, Bremen
Bauzeit	1939–1941
Indienststellung	Nov. 1940–Februar 1941
Deplacement	2.543 t
Deplacement max.	3.543 t
Länge in der KWL	121,9 m
Länge maximal	127 m
Breite	12 m
Tiefgang	4,43
Maschinenanlage	6 Kessel mit Getriebeturbinen
Anzahl der Wellen	2
Gesamtleistung	70.000 WPS
Höchstgeschw.	36 kn
Marschgeschw	19 kn
Fahrbereich	2.500 sm bei 19 kn
Bewaffnung:	020mm - 14; 037mm - 4; 127mm - 0; 150mm - 4
Torpedorohre	8
Minen	60
Besatzung	332

Schiffstyp	Zerstörer 1936A
Name	Z28
Bauwerft	Deschimag AG Weser, Bremen
Bauzeit	1939–1941
Indienststellung	August 1941
Deplacement	2.595 t
Deplacement max.	3.519 t
Länge in der KWL	121,9 m
Länge maximal	127 m
Breite	12 m
Tiefgang	4,38 m
Maschinenanlage	6 Kessel mit Getriebeturbinen
Anzahl der Wellen	2
Gesamtleistung	70.000 WPS
Höchstgeschw.	36 kn
Marschgeschw	19 kn
Fahrbereich	2.900 sm bei 19 kn
Bewaffnung:	020mm - 14; 037mm - ?; 127mm - 0; 150mm - 4
Torpedorohre	8
Minen	60
Besatzung	327

6 Zerstörer

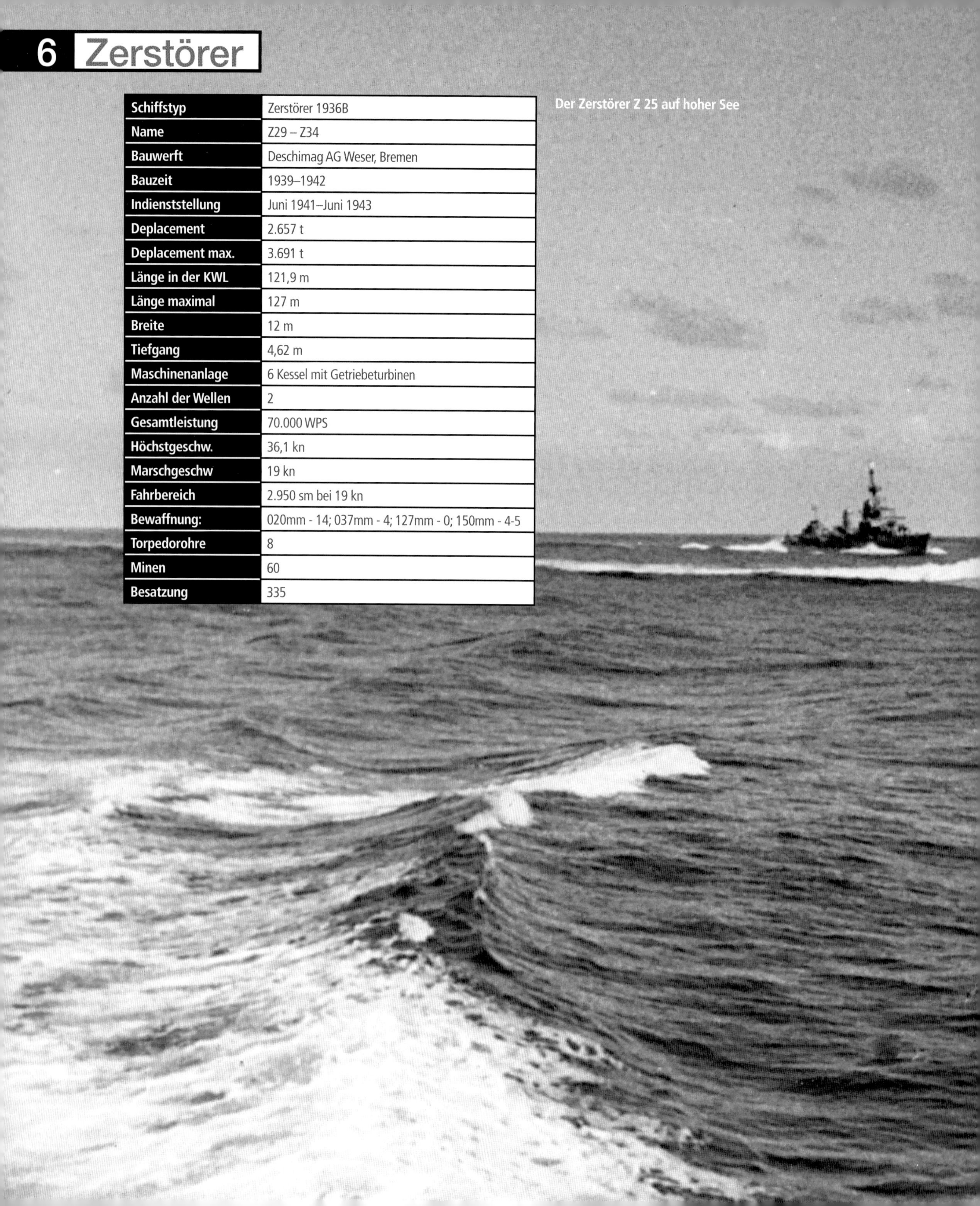

Schiffstyp	Zerstörer 1936B
Name	Z29 – Z34
Bauwerft	Deschimag AG Weser, Bremen
Bauzeit	1939–1942
Indienststellung	Juni 1941–Juni 1943
Deplacement	2.657 t
Deplacement max.	3.691 t
Länge in der KWL	121,9 m
Länge maximal	127 m
Breite	12 m
Tiefgang	4,62 m
Maschinenanlage	6 Kessel mit Getriebeturbinen
Anzahl der Wellen	2
Gesamtleistung	70.000 WPS
Höchstgeschw.	36,1 kn
Marschgeschw	19 kn
Fahrbereich	2.950 sm bei 19 kn
Bewaffnung:	020mm - 14; 037mm - 4; 127mm - 0; 150mm - 4-5
Torpedorohre	8
Minen	60
Besatzung	335

Der Zerstörer Z 25 auf hoher See

Z 30 in Norwegen

In der Kombüse des Zerstörers »Friedrich Ihn« 1939 (Bild: Deutsches Bundesarchiv)

Die ersten Schiffe der neuen Generation an Zerstörern nach dem Ersten Weltkrieg waren mit 150-mm-Geschützen ausgestattet, aber diese erwiesen sich als zu schwer und zu langsam, so dass diese Idee lange vor 1939 wieder aufgegeben wurde

Links: Feierliche Taufe von 4 deutschen Zerstörern auf der Marinewerft in Wilhelmshaven im März 1928 (Bild: Deutsches Bundesarchiv)

Hafengebiet
Rauchen verboten!
A 1310

Oben: Die Indienststellung des Z 37 bei der Deschimag AG »Weser« in Bremen am 6. Februar 1943

An Bord von Z 8

Der Zerstörer Z 34 hier im Einsatz. Die Zerstörer ab Z 23 aufwärts hatten außer dieser Bezeichnung keinen weiteren Namen (Bild: Wolfgang Fuchs)

Schiffstyp	Zerstörer 1936B
Name	Z35 & Z36
Bauwerft	Deschimag AG Weser, Bremen
Bauzeit	1941–1943
Indienststellung	Sept. 1943 / Februar 1944
Deplacement	2.519 t
Deplacement max.	3.542 t
Länge in der KWL	121,9 m
Länge maximal	127 m
Breite	12 m
Tiefgang	4,32 m
Maschinenanlage	6 Kessel mit Getriebeturbinen
Anzahl der Wellen	2
Gesamtleistung	71.510 WPS
Höchstgeschw.	36,5 kn
Marschgeschw	19 kn
Fahrbereich	2.600 sm bei 19 kn
Bewaffnung:	020mm - 16; 037mm - 04; 127mm - 05; 150mm - 0–
Torpedorohre	8
Minen	60
Besatzung	332

Schiffstyp	Zerstörer 1936A (Mob.)
Name	Z37 – Z39
Bauwerft	Germaniawerft, Kiel
Bauzeit	1940–1943
Indienststellung	Juli 1942–August 1943
Deplacement	2.657 t
Deplacement max.	3.691 t
Länge in der KWL	121.9 m
Länge maximal	127 m
Breite	12 m
Tiefgang	4,62 m
Maschinenanlage	6 Kessel mit Getriebeturbinen
Anzahl der Wellen	2
Gesamtleistung	75.638 WPS
Höchstgeschw.	35,5 kn
Marschgeschw	19 kn
Fahrbereich	2.950 sm bei 10 kn
Bewaffnung:	020mm - bis 14; 037mm - 4; 127mm - –; 150mm - 5
Torpedorohre	8
Minen	60
Besatzung	332

Ordensverleihung auf dem Zerstörer Z14 »Friedrich Ihn« (Bild: Bundesarchiv, 101II-MN-1581-04, CC-BY-SA-3.0)

Zerstörer Z15 »Erich Steinbrinck«.

Zerstörer Z29 im Jahr 1945

Zerstörer Z30 (Bild: World-War-Photos)

6 Zerstörer

Schiffstyp	1936 B
Name	Z43 – Z45
Bauwerft	Deschimag AG Weser, Bremen
Bauzeit	1942–1944
Indienststellung	Z 43 = März 1944
Deplacement	2.519 t
Deplacement max.	3.542 t
Länge in der KWL	121,9 m
Länge maximal	127 m
Breite	12 m
Tiefgang	4,32 m
Maschinenanlage	6 Kessel mit Getriebeturbinen
Anzahl der Wellen	2
Gesamtleistung	70.000 WPS
Höchstgeschw.	36 kn
Marschgeschw	19 kn
Fahrbereich	2.950 sm bei 19 kn
Bewaffnung:	020mm - 15; 037mm - 04; 127mm - 05; 150mm - 0–
Torpedorohre	8
Minen	60
Besatzung	395

Schiffstyp	Zerstörer 1936C
Name	Z46 – Z50
Bauwerft	Deschimag AG Weser, Bremen
Bauzeit	1943 –
Indienststellung	nicht fertiggestellt
Deplacement	2.636 t
Deplacement max.	3.683 t
Länge in der KWL	121,5 m
Länge maximal	126,2 m
Breite	12,2 m
Tiefgang	4,45 m
Maschinenanlage	6 Kessel mit Getriebeturbinen
Anzahl der Wellen	2
Gesamtleistung	70.000 PS
Höchstgeschw.	37,5 kn
Marschgeschw	19 kn
Fahrbereich	2.500 sm bei 19 kn
Bewaffnung:	020mm - 6; 037mm - 6; 128mm - 6; 150mm –
Torpedorohre	8
Minen	60
Besatzung	335

Schiffstyp	Ex-Niederländische Marine
Name	ZH 1 (Ex-Gerard Callenburgh)
Bauzeit	1938 – 1940
Indienststellung	Oktober 1942 als ZH1
Deplacement	1.604 t
Deplacement max.	2.228 t
Länge in der KWL	105,2 m
Länge maximal	106.7 m
Breite	10,6 m
Tiefgang	3,52 m
Maschinenanlage	3 Kessel mit Getriebeturbinen
Anzahl der Wellen	2
Gesamtleistung	49.500 WPS
Höchstgeschw.	37,5 kn
Marschgeschw	19 kn
Fahrbereich	2.700 sm bei 17 kn
Bewaffnung:	020mm - 0; 037mm - 4; 120mm - 5; 150mm - 0
Torpedorohre	8
Minen	24
Besatzung	230

Schiffstyp	Ex-Französische Marine
Name	ZF2 (Ex-L'Opiniatre)
Bauzeit	1939 – ?
Indienststellung	nicht fertiggestellt
Deplacement	2.070 t
Deplacement max.	2.910 t
Länge in der KWL	111 m
Länge maximal	113 m
Breite	11,9 m
Tiefgang	3,62 m
Maschinenanlage	4 Kessel mit Getriebeturbinen
Anzahl der Wellen	2
Gesamtleistung	62.000 WPS
Höchstgeschw.	37,5 kn
Marschgeschw	19 kn
Fahrbereich	1.700 sm bei 20 kn
Bewaffnung:	020mm - 10; 037mm - 04; 27mm - 00; 130mm - 06
Torpedorohre	7
Minen	?
Besatzung	245

Schiffstyp	Ex-Griechische Marine
Name	ZG3 – Hermes (Ex- Vasilefs Georgios)
Bauzeit	Yarrow, Glasgow, UK 1937 – 1939
Indienststellung	22. März 1942 als ZG3
Deplacement	1.414 t
Deplacement max.	2.088 t
Länge in der KWL	98,5 m
Länge maximal	101,2 m
Breite	10,4 m
Tiefgang	3,23 m
Maschinenanlage	3 Kessel mit Getriebeturbinen
Anzahl der Wellen	2
Gesamtleistung	34.000 WPS
Höchstgeschw.	32 kn
Marschgeschw	19 kn
Fahrbereich	4.800sm bei 19 kn
Bewaffnung:	020mm - 4; 037mm - 4; 127mm - 4; 150mm - 0
Torpedorohre	8
Minen	?
Besatzung	225

Schiffstyp	Ex-Norwegische Marine
Name	ZN4 & ZN5
Bauzeit	Marinewerft, Horten (Norwegen), 1939 – 1943
Indienststellung	nicht fertiggestellt
Deplacement	1.278 t
Deplacement max.	1.694 t
Länge in der KWL	94,5 m
Länge maximal	100,6 m
Breite	10.6 m
Tiefgang	3,2 m
Maschinenanlage	3 Kessel mit Getriebeturbinen
Anzahl der Wellen	2
Gesamtleistung	30.000 WPS
Höchstgeschw.	32 kn
Marschgeschw	19 kn
Fahrbereich	1.375 sm bei 19 kn
Bewaffnung:	020mm - 6; 037mm - 2; 120mm - 4; 150mm - 0
Torpedorohre	4
Minen	?
Besatzung	162

Schiffstyp	Zerstörer 1942
Name	Z 51 (Versuchstyp)
Bauwerft	Deschimag AG Weser, Bremen
Bauzeit	1943 –
Indienststellung	nicht fertiggestellt
Deplacement	2.041 t
Deplacement max.	2.720 t
Länge in der KWL	108 m
Länge maximal	114,3 m
Breite	11 m
Tiefgang	4,37 m
Maschinenanlage	6 MAN-Dieselmotoren
Anzahl der Wellen	3
Gesamtleistung	57.000 PSe
Höchstgeschw.	36 kn
Marschgeschw	19 kn
Fahrbereich	5.500 sm bei 19 kn
Bewaffnung:	020mm - 12; 037mm - 08; 127mm - 04; 150mm - 00
Torpedorohre	6
Minen	50
Besatzung	247

Schiffstyp	Zerstörer 1942A bzw. 1944
Name	Z 52 – Z 56
Bauwerft	Deschimag AG Weser, Bremen
Bauzeit	1943 –
Indienststellung	nicht fertiggestellt
Deplacement	2.818 t
Deplacement max.	3.703 t
Länge in der KWL	126 m
Länge maximal	132,1 m
Breite	12,6 m
Tiefgang	4,92 m
Maschinenanlage	8 MAN-Dieselmotoren
Anzahl der Wellen	2
Gesamtleistung	76.000 WPS
Höchstgeschw.	37,5 kt
Marschgeschw	19 kt
Fahrbereich	6.800 sm bei 19 kn
Bewaffnung:	020mm - ?;037mm - ?; 128mm - 6; 150mm - 0
Torpedorohre	8
Minen	60
Besatzung	320

Der Zerstörer Z 37. Während des Krieges machten es Zeitdruck und Personalmangel notwendig, die Schiffe noch vor irgendwelchen Erprobungen in den Einsatz zu schicken

Der Bug des Zerstörers Z 37 ungefähr zur Zeit seiner Indienststellung

Der 15-cm-Zwillingsturm des Zerstörers Z 39.
(Foto: Archiv DMB)

Deutsche Kriegsschiffe 1940 an der Postpier in Narvik am 9. April 1940 (Bild: Deutsches Bundesarchiv)

Zerstörer Z 4 »Richard Beitzen« 1937
(Bild: Deutsches Bundesarchiv)

Liste der Zerstörer

In der folgenden Liste sind die frühen Zerstörer aufgeführt, die sowohl Kennungen als auch Namen hatten.

Zerstörer besaßen auch eine taktische Nummer. Diese war vor dem Krieg auf eine Rumpfseite aufgemalt und am 9. November 1939 wieder entfernt worden. Es scheint in diesem System keine logische oder vernünftige Reihenfolge gegeben zu haben, aber es kann beim Identifizieren alter Fotos sehr nützlich sein.

Aus diesem Grund wurden nachfolgend diese taktischen Nummern in Klammern der jeweiligen Z-Kennung hinzugefügt.

Zerstörer-Kennung	Taktische Nummer auf dem Rumpf	Traditioneller Name
Z1	(-)	Leberecht Maass
Z2	(13)	Georg Thiele
Z3	(12)	Max Schultz
Z4	(11)	Richard Beitzen
Z5	(21)	Paul Jacobi
Z6	(22)	Theodor Riedel
Z7	(23)	Hermann Schoemann
Z8	(63-61)	Bruno Heinemann
Z9	(61, 62, 63)	Wolfgang Zenker
Z10	(62, 81)	Hans Lody
Z11	(81, 62)	Bernd von Arnim
Z12	(82)	Erich Giese
Z13	(61, 83)	Erich Koellner
Z14	(32, 33)	Friedrich Ihn
Z15	(31, 32)	Erich Steinbrinck
Z16	(33, 31)	Friedrich Eckoldt
Z17	(51)	Diether von Roeder
Z18	(53)	Hans Lüdemann
Z19	(52)	Hermann Künne
Z20	(42)	Karl Galster
Z21	(43)	Wilhelm Heidkamp
Z22	(41)	Anton Schmitt

Der Zerstörer Z 37 bei seiner Indienststellung auf der Germaniawerft in Kiel am 16. Juli 1942. Diese Serien, Z 31-Z 34 sowie Z 37-Z 39, waren mit einem Doppelturm mit 2 x 15 cm vorn und drei 150-mm-Einzellafetten ausgerüstet

7

TORPEDOBOOTE

Wirksame Torpedos mit Eigenantrieb gab es seit den 1880ern und Boote, um diese abzuwerfen, folgten schnell nach. Das Hauptproblem, das bis zum Ersten Weltkrieg bestand, lag in trägen, Kohle verfeuernden Dampfmaschinen, die man brauchte, um die Boote anzutreiben. Sobald die Kriegsmarine
Zugang zu effektiveren Energiequellen hatte, konnten sie winzige, potentiell tödliche Boote bauen, die fähig waren, die größten Schlachtschiffe zu versenken. Das größte Hindernis bei diesen Torpedobooten war, dass sie weder mit der Geschwindigkeit von schweren Flotteneinheiten mithalten, noch weit genug draußen im offenen Meer operieren konnten. Um 1882 lief Deutschlands erstes Torpedoboot vom Stapel und die Entwürfe wurden in den nächsten Jahren immer weiter verbessert, so dass ungefähr 30 von ihnen gut genug waren, um am Ende des Ersten Weltkriegs zum Einsatz zu kommen. Am erstaunlichsten ist, dass das alte Torpedoboot T 107, das im November 1911 vom Stapel gelassen worden war, sogar nach dem Ende des Zweiten Weltkriegs noch in der sowjetischen Marine mit dem neuen Namen »Porazajuscij« eingesetzt wurde.

Diejenigen Torpedoboote, die 1918 bei Kriegsende in deutscher Hand blieben, wurden modernisiert. Bei einigen von ihnen wurden die Kohle verfeuernden Maschinen so umgerüstet, dass sie nun stattdessen Öl verbrannten. Doch weil während des Zweiten Weltkriegs dieser Treibstoff knapp wurde, wurden einige Torpedoboote wieder aufs Kohle verfeuern zurück gerüstet. Auch die Bewaffnung war ein Problem und es gab eine Zeit, als diese Boote keine besonders großen Geschütze dauerhaft an Bord hatten, und die wenigen funktionierenden Waffen von einem Schiff zum anderen weitergereicht wurden, so dass alle Besatzungsmitglieder in der Lage waren, mit diesen zu üben. Obwohl die Mehrheit der Kriegsschiffe grau gestrichen waren, hatten seltsamerweise viele der früheren Torpedoboote immer eine schwarze Farbe.

Torpedobootflotille im Hamburger Hafen
(Bild: Wolfgang Fuchs)

Torpedoboote Typ 1923 Raubvogel-Klasse

Der Bau der ersten Torpedoboote nach dem Ersten Weltkrieg wurde kurz nach der Unterzeichnung des Versailler Friedensvertrags von Deutschland ins Auge gefasst. Obwohl sich die Planer viel Mühe gaben, um den strikten Beschränkungen, die in diesem Vertrag festgelegt waren, nachzukommen, konnten sie so ein Boot nicht bauen, ohne die Größenbeschränkungen zu verletzen. Man fragt sich, ob dies der Grund dafür ist, warum diese frühen Torpedoboote so ein geringes Freibord hatten und ob beabsichtigt war, sie so kleiner aussehen zu lassen als sie wirklich waren. Das Ergebnis war sehr vielversprechend, nur die Stabilität wurde ein größeres Problem, und wenden mit engem Drehkreis bei hoher Geschwindigkeit war nicht anzuraten, weil

Eines von sechs Torpedobooten der Raubvogel-klasse: Die »Möwe« (Bild: Wolfgang Fuchs)

die Boote sich so weit neigten, dass sie umzukippen drohten. Nachdem die Hauptbewaffnung jedoch auf der Mittschiffslinie des Schiffes angebracht waren, sodass sie sowohl nach Backbord als auch Steuerbord feuern konnten, erschien das ideal zu sein, und nur einige wenige größere Modifikationen waren nach Erprobungen noch notwendig, um die Stabilität zu verbessern.

Schiffstyp	Torpedoboote 1923; Raubvogelklasse
Name	Möwe; Seeadler
Bauwerft	Marinewerft, Wilhelmshaven
Stapellauf	M= 24. März 1926; S = 15. Juli 1926
Indienststellung	M= 01. Oktober 1926; S = 11. Mai 1927
Deplacement	798 bzw. 924 t
Deplacement max.	1.213 bzw. 1.290 t
Länge in der KWL	84,7 bzw. 85,7 m
Länge maximal	88,5 bzw. 87 m
Breite	8,3 m
Tiefgang	3,65 m
Maschinenanlage	M = Blohm & Voss Turbinen; S= Germaniawerft Turbinen
Anzahl der Wellen	2
Gesamtleistung	22.100 WPS bzw. 23.000 WPS
Höchstgeschw.	M= 32 kn; S = 33,6 kn
Marschgeschw	17 kn
Fahrbereich	3.600sm bei 17 kn
Bewaffnung:	020mm –; 037mm - 4; 105mm - 3
Torpedorohre	6
Minen	30
Besatzung	bis 130

Schiffstyp	Torpedoboote 1923; Raubvogelklasse
Name	Albatros, Falke, Greif Kondor
Bauwerft	Marinewerft, Wilhelmshaven
Stapellauf	A = 15. Juli 1926; F = 22. September 1926 G = 15. Juli 1926 K = 22. September 1926
Indienststellung	A = 15. Mai 1927 F = 11. August 1927 G = 15. März 1927 K = 15. Juli 1928
Deplacement	924 t
Deplacement max.	1.290 t
Länge in der KWL	85,7 m
Länge maximal	88,5 m
Breite	8,3 m
Tiefgang	3,65 m
Maschinenanlage	2 Kessel
Anzahl der Wellen	2
Gesamtleistung	23.000 WPS
Höchstgeschw.	33,6 kn
Marschgeschw	17 kn
Fahrbereich	3.600 sm bei 17 kn
Bewaffnung:	020mm – 037mm - 4 105mm - 3
Torpedorohre	6
Minen	30
Besatzung	122 – 130

Eine Flottille von 6 Torpedobooten der Reichs-Marine besucht im August 1930 Potsdam! Die in Kiel beheimateten Boote der Reichsmarine bei ihrer Ankunft im alten Stadtkanal an der Freundschafts-insel in Potsdam. Im Hintergrund das Stadtschloss. (Bild: Deutsches Bundesarchiv)

Auch das Torpedoboot »Greif« war schon während der Weimarer Republik für die Reichsmarine erbaut worden und überstand den Zweiten Weltkrieg nicht (Bild: Wolfgang Fuchs)

Torpedoboote »Jaguar« 1934 (Bild: Deutsches Bundesarchiv)

7 Torpedoboote

Torpedoboote Typ 1924 Raubtier-Klasse

Diese Boote wurden speziell entworfen, um mit den Stabilitätsproblemen der Raubvogel-Klasse fertig zu werden, ansonsten waren sie im Wesentlichen der gleiche Schiffstyp.
Es gab eine Anzahl von kleineren Modifikationen und ihr Aussehen unterschied sich leicht voneinander, aber sie auf alten Fotos zu unterscheiden ist alles andere als einfach, vor allem, wenn einige der Details nicht deutlich zu erkennen sind.

Oben rechts: Torpedoboot-Flottille vor Anker 1934 (Bild: Deutsches Bundesarchiv)

Unten Ein Vertreter der Raubtierklasse: Das Torpedoboot »Tiger« (Bild: Wolfgang Fuchs)

Schiffstyp	Torpedoboote 1924; Raubtierklasse
Name	Iltis, Jaguar, Leopard, Luchs, Tiger, Wolf
Bauwerft	Marinewerft, Wilhelmshaven
Stapellauf	Il = 12. Oktober 1927 Ja = 15. März 1928 Le = 15. März 1928 Lu = 15. März 1928 Ti = 15. März 1928 Wo = 12. Oktober 1927
Indienststellung	Il = 01. Oktober 1928 Ja = 11. Juni 1929 Le = 15. August 1929 Lu = 15. April 1929 Ti = 15. Januar 1929 Wo = 15. November 1928
Deplacement	933 t
Deplacement max.	1.320 t
Länge in der KWL	89 m
Länge maximal	92,6 m
Breite	8,6 m
Tiefgang	3,52 m
Maschinenanlage	3 Kessel mit Getriebeturbinen
Anzahl der Wellen	2
Gesamtleistung	23.000 WPS
Höchstgeschw.	35,2 kn
Marschgeschw	17 kn
Fahrbereich	3.900 sm bei 17 kn
Bewaffnung:	020mm –; 037mm - 4; 105mm - 3
Torpedorohre	6
Minen	30
Besatzung	129

TG
LU
JR
IT

TG

Die »Luchs« – ein weiteres Torpedoboot der Raubtierklasse. Auf der Brücke ist an der Vorderkante die kreisförmige Peilantenne für die Funkpeilung zu erkennen.

LU

Torpedoboote Typ 1935 (T1 – T12)

Seltsam ist, dass die Raubtier-Klasse die Modifikationen zur Verbesserung der Stabilität der Raubvogel-Klasse enthalten sollte, doch selbst die neueren Boote hatten Probleme sogar bei mäßiger See. Und dann, ungefähr zehn Jahre später, erhielten die Boote statt des senkrechten einen Klipperstern, ähnlich dem Atlantikbug. Dadurch wurde die Nässe des Vorschiffs verringert, um selbst mit unruhigem Seegang zurechtzukommen. Die Maschinenanlage war in den Jahren zwischen 1924 und 1935 beträchtlich verbessert worden, so dass die neuen Torpedoboote geringfügig schneller gemacht werden konnten, aber sie waren auch etwas kleiner. Die Zahl der Torpedorohre blieb jedoch gleich wie zuvor.

Schiffstyp	Torpedoboote 1935
Name	T1 – T8
Bauwerft	T1 – T4 = F. Schichau, Elbing; T5 - T8 = Deschimag AG ; »Weser«, Bremen
Stapellauf	1937–1938
Indienststellung	Dez. 1939–Dezember 1939
Deplacement	844 t
Deplacement max.	1.088 t
Länge in der KWL	82,2 m
Länge maximal	84,3 m
Breite	8,62 m
Tiefgang	2,94 m
Maschinenanlage	Kessel mit Wagner Getriebeturbinen
Anzahl der Wellen	2
Gesamtleistung	28.200 WPS
Höchstgeschw.	35 kn
Marschgeschw	19 kn
Fahrbereich	1.070 sm bei 19 kn
Bewaffnung:	020mm - 5–12; 037mm - 0; 105mm - 1
Torpedorohre	6
Minen	30
Besatzung	119 – 155

Das Torpedoboot »Luchs« im Hafen. Auch hier an der Bordwand gut zu erkennen die Insignien seines Namens »LU«

LU

7 Torpedoboote

Schiffstyp	Torpedoboote 1937
Name	T9 – T12
Bauwerft	T9 0– T10 F. Schichau, Elbing; T11 – T12 Deschimag AG; »Weser«, Bremen
Stapellauf	1939
Indienststellung	Mai 1940–August 1940
Deplacement	839 t
Deplacement max.	1.082 t
Länge in der KWL	82 m
Länge maximal	84,3 m
Breite	8,62 m
Tiefgang	2,94 m
Maschinenanlage	Kessel mit Wagner-Getriebeturbinen
Anzahl der Wellen	2
Gesamtleistung	28.200 WPS
Höchstgeschw.	35 kn
Marschgeschw	19 kn
Fahrbereich	1.070 sm bei 19 kn
Bewaffnung:	020mm - 5–12; 037mm - 0; 105mm - 1; 127mm - 0
Torpedorohre	6
Minen	30
Besatzung	119 – 155

Schiffstyp	Torpedoboote 1939
Name	T13 – T21
Bauwerft	F. Schichau, Elbing
Stapellauf	1939–1941
Indienststellung	Mai 1941–Juli 1942
Deplacement	853 t
Deplacement max.	1.098 t
Länge in der KWL	82 m
Länge maximal	85,2 m
Breite	8,87 m
Tiefgang	3,14 m
Maschinenanlage	Kessel mit Wagner-Getriebeturbinen
Anzahl der Wellen	2
Gesamtleistung	34.110 WPS
Höchstgeschw.	36,6 kn
Marschgeschw	19 kn
Fahrbereich	1.400 sm bei 19 kn
Bewaffnung:	020mm - 12; 037mm - 1–2; 105mm - 1
Torpedorohre	6
Minen	30
Besatzung	119 – 155

Das Torpedoboot »Wolf« auf See

Schiffstyp	Torpedoboote 1939
Name	T22 – T36
Bauwerft	F. Schichau, Elbing
Stapellauf	1941–1944
Indienststellung	Februar 1942–Dez. 1944
Deplacement	1.294 t
Deplacement max.	1.754 t
Länge in der KWL	97 m
Länge maximal	102,5 m
Breite	10 m
Tiefgang	3,22 m
Maschinenanlage	Kessel mit Wagner- Getriebeturbinen
Anzahl der Wellen	2
Gesamtleistung	32.560 WPS
Höchstgeschw.	34 kn
Marschgeschw	19 kn
Fahrbereich	5.000 sm bei 19 kn
Bewaffnung:	020mm - 2–9; 037mm - 4; 105mm - 4
Torpedorohre	6
Minen	50
Besatzung	206

Schiffstyp	Torpedoboote 1941 nicht fertiggestellt
Name	T37 – T51
Bauwerft	F. Schichau, Elbing
Stapellauf	nicht fertiggestellt
Indienststellung	–
Deplacement	1.493 t
Deplacement max.	2.155 t
Länge in der KWL	102 m
Länge maximal	106 m
Breite	10,7 m
Tiefgang	3,2 m
Maschinenanlage	Kessel mit Wagner Getriebeturbinen
Anzahl der Wellen	2
Gesamtleistung	40.000 WPS
Höchstgeschw.	34 kn
Marschgeschw	19 kn
Fahrbereich	6.500 sm bei 19 kn
Bewaffnung:	020mm - 8; 037mm - 3–6; 105mm - 4
Torpedorohre	6
Minen	30
Besatzung	206

Torpedoboot »Luchs« auf See 1934
(Bild: Deutsches Bundesarchiv)

Das Torpedoboot »Leopard«

Schiffstyp	Torpedoboote 1944; nicht fertiggestellt
Name	T52 – T60
Bauwerft	F. Schichau, Elbing
Stapellauf	nicht fertiggestellt
Indienststellung	–
Deplacement	1.418 t
Deplacement max.	1.794 t
Länge	98 m
Breite	103 m
Tiefgang	10,1 m
Maschinenanlage	3,7 m
Anzahl der Wellen	Wagner Getriebeturbinen
Gesamtleistung	2
Höchstgeschw.	52.000 WPS
Marschgeschw	37 kn
Fahrbereich	19 kn
Bewaffnung:	4.500sm bei 19 kn
Torpedorohre	020mm - 00; 037mm - 10; 105mm - 04
Minen	6
Besatzung	30
	222

Schiffstyp	Torpedoboote 1940; nicht fertiggestellt
Name	T61 – T72
Bauwerft	Wilton-Fijenoord, (Schiedam-Rotterdam)
Stapellauf	nicht fertiggestellt
Indienststellung	–
Deplacement	1.931 t
Deplacement max.	2.566 t
Länge	110 m
Breite	114,5 m
Tiefgang	11,3 m
Maschinenanlage	3,81 m
Anzahl der Wellen	Kessel mit Werkspoor Getriebeturbinen
Gesamtleistung	2
Höchstgeschw.	49.500 WPS
Marschgeschw	35 kn
Fahrbereich	19 kn
Bewaffnung:	21.000 sm bei 19 kn
Torpedorohre	020mm - 16; 037mm - 4; 127mm - 4
Minen	8
Besatzung	50
	231

Signalgast auf der Kommandobrücke eines Torpedobootes (Bild: Deutsches Bundesarchiv)

Alte Torpedoboote

Die alten Torpedoboote, die man nach dem Ende des Ersten Weltkrieges in der deutschen Kriegsmarine belassen hatte, wurden modernisiert und so umgerüstet, dass sie mit Öl statt Kohle liefen. Als der Zweite Weltkrieg ausbrach, waren viele von diesen Schiffen allerdings wieder auf Kohle zurückgerüstet worden. Die Mehrheit dieser alten Torpedoboote wurde eingesetzt als Tender, Patrouillenboot und Minenleger, und nicht so sehr als aggressive Torpedo-Träger. Als U-Boot-Fahrer darauf ausgebildet wurden, Konvois anzugreifen, dienten diese Schiffe auch als Eskorte und Zerstörer. Außerdem machten in den 20er Jahren viele Männer, die erstmals zur Kriegsmarine gingen, ihre Erfahrungen auf diesen robusten kleinen Seepferden.

T 55 mit der schwarz-weiß-rot gestreiften Flagge mit dem Eisernen Kreuz aus der Zeit der Weimarer Republik. Am Bug fehlen wegen der strengen Demilitarisierung nach dem Krieg die Kanonen

Schiffstyp	Alte Torpedoboote
Name	T107, T108, T110, T111
Bauwerft	Reichswerft Wilhelmshaven (zuvor Germaniawerft, Kiel)
Stapellauf	November 1911–April 1912
Indienststellung	ab April 1912
Deplacement	660 t
Deplacement max.	775 t
Länge	71,5 m
Breite	7,56 m
Tiefgang	3,01 m
Maschinenanlage	3 Marinekessel
Anzahl der Wellen	2
Gesamtleistung	18.000 WPS
Höchstgeschw.	31,5 kn
Marschgeschw	17 kn
Fahrbereich	1.800 sm bei 17 kn
Bewaffnung:	20mm - 2; 37mm –; 105mm - 1
Torpedorohre	3
Minen	18
Besatzung	92

Schiffstyp	Alte Torpedoboote
Name	T151, T153, T155, T156, T157, T158
Bauwerft	Marinewerft Wilhelmshaven (AG Vulcan, Stettin)
Stapellauf	1907–1908
Indienststellung	1907–1908
Deplacement	670 t
Deplacement max.	716 t
Länge	72,5 m
Breite	7,8 m
Tiefgang	2,84 m
Maschinenanlage	Marinekessel und Expansionsmaschinen
Anzahl der Wellen	2
Gesamtleistung	c. 10.600 PSi
Höchstgeschw.	29,9 kn
Marschgeschw	17 kn
Fahrbereich	3.500 sm bei 17 kn
Bewaffnung:	variabel
Besatzung	85

Schiffstyp	Altes Torpedoboot, Großes Torpedoboot
Name	T185
Bauwerft	Marinewerft Wilhelmshaven (Vulcan, Stettin)
Stapellauf	9. April 1910
Indienststellung	20. September 1910
Deplacement	761 t
Deplacement max.	858 t
Länge	73,9 m
Breite	7,85 m
Tiefgang	3,29 m
Maschinenanlage	Kessel mit Getriebeturbinen
Anzahl der Wellen	2
Gesamtleistung	1.800 WPS
Höchstgeschw.	33,3 kn
Marschgeschw	17 kn
Fahrbereich	1.400 sm bei 17 kn
Bewaffnung:	variabel
Besatzung	85

7 Torpedoboote

Schiffstyp	Altes Torpedoboot
Name	T190
Bauwerft	Marinewerft Wilhelmshaven; (Vulcan, Stettin)
Stapellauf	12. April 1911
Indienststellung	5. August 1911
Deplacement	766 t
Deplacement max.	861 t
Länge	74 m
Breite	7,9 m
Tiefgang	3,02 m
Maschinenanlage	Kessel mit Getriebeturbinen
Anzahl der Wellen	2
Gesamtleistung	18.000 WPS
Höchstgeschw.	33,5 kn
Marschgeschw	17 kn
Fahrbereich	1.400 sm bei 17 kn
Bewaffnung:	variabel
Besatzung	85

Schiffstyp	Altes Torpedoboot
Name	T196
Bauwerft	Marinewerft Wilhellmshaven; (Vulcan, Stettin)
Stapellauf	24. Mai 1911
Indienststellung	2. Oktober 1911
Deplacement	766 t
Deplacement max.	875 t
Länge	74 m
Breite	7,9 m
Tiefgang	3,02 m
Maschinenanlage	3 Kessel mit Getriebeturbinen
Anzahl der Wellen	2
Gesamtleistung	11.200 WPS
Höchstgeschw.	27,3 kn
Marschgeschw	19 kn
Fahrbereich	1.850 sm bei 19 kn
Bewaffnung:	variabel
Besatzung	85

Das Torpedoboot T 158 wurde vor 1909 in Stettin gebaut und blieb ein Bestandteil der deutschen Kriegsmarine bis zum Ende des Zweiten Weltkriegs. Die Männer auf diesen Schiffen dienten entlang der europäischen Küsten unter den schärfsten Bedingungen

Torpedobootshalbflottille im April 1930
in der Holtenauer Schleuse in Kiel vor der Durchfahrt durch
den Nord-Ostsee-Kanal (Bild: Deutsches Bundesarchiv)

Torpedoboote der Raubtierklasse (Typ 1924)
kurz vor dem Stapellauf im Jahr 1928
(Bild: Bundesarchiv, 102-05597, CC-BY-SA-3.0)

Torpedoboote vom Typ 1923 nebeneinander im Hafen. Im Hintergrund zu sehen der Schwere Kreuzer »Deutschland«

Torpedoboot Typ 1923 der Raubvogelklasse »Greif« (Bild: World-War-Photos)

Torpedoboote T158 und T160 im Einsatz